写给青少年的
美学故事

常 宏 编著

光明日报出版社

图书在版编目（CIP）数据

写给青少年的美学故事 / 常宏编著 . -- 北京：光明日报出版社，2012.6（2025.4 重印）

ISBN 978-7-5112-2387-6

Ⅰ . ①写… Ⅱ . ①常… Ⅲ . ①美学—青年读物 ②美学—少年读物 Ⅳ . ① B83-49

中国国家版本馆 CIP 数据核字 (2012) 第 076572 号

写给青少年的美学故事

XIEGEI QINGSHAONIAN DE MEIXUE GUSHI

编　　著：常　宏	
责任编辑：李　娟	责任校对：文　朔
封面设计：玥婷设计	责任印制：曹　净

出版发行：光明日报出版社

地　　址：北京市西城区永安路 106 号，100050

电　　话：010-63169890（咨询），010-63131930（邮购）

传　　真：010-63131930

网　　址：http://book.gmw.cn

E - mail：gmrbcbs@gmw.cn

法律顾问：北京市兰台律师事务所龚柳方律师

印　　刷：三河市嵩川印刷有限公司

装　　订：三河市嵩川印刷有限公司

本书如有破损、缺页、装订错误，请与本社联系调换，电话：010-63131930

开　　本：170mm×240mm	
字　　数：205 千字	印　　张：15
版　　次：2012 年 6 月第 1 版	印　　次：2025 年 4 月第 4 次印刷
书　　号：ISBN 978-7-5112-2387-6-02	

定　　价：49.80 元

前　言

　　美学是研究美、美感、美的创造及美育规律的一门科学。学习和探讨审美活动的起源、美感心理、审美活动的构造与形态等，不但可以提高哲学视野和理论素养，学会用美学的眼光看待世界，而且对我们理解人类生活的价值追求和艺术创造，提高审美修养和艺术鉴赏力，理解日常生活的各种审美现象、提高人生品位大有裨益。但美学学科体系庞大、结构复杂、内容丰富而且晦涩深奥，学习起来有相当的困难。

　　鉴此，我们组织编写了这本《美学的故事》，对美学发展史中名气最大、影响最深远、最有代表性的美学人物、美学论著及主要美学观点进行深入系统的介绍。全书按照时间顺序，化繁为简，依次阐述了包括西方古典理性主义美学、中世纪美学、启蒙主义美学和现实主义美学等各流派的美学主张和美学思想，揭示故事背后的人类审美实践和美学原理，带领读者轻松领略美学历史发展的全貌，更好更快地了解和认识中外美学。

写给青少年的
美学故事

　　全书采用图文结合的编排形式，深入浅出的文字配以近 400 幅精美图片，立体地展现了美学历史上的重大事件，以及体现在这些事件中的美学知识，使读者在感受美学魅力的同时获得轻松愉悦的阅读享受。另外，文中增设的美学辞典、名人名言等辅助性栏目，使全书形成一个较为完整的知识体系，增强了本书的科学性和知识性。

　　极具艺术魅力的版式设计、科学简明的体例、丰富精美的图片和流畅生动的文字等多种视觉要素的有机结合，帮助读者跨越时间的间隔、文化背景的差异和专业知识的障碍，实现对美学知识和美学原理的有效认识和理解。

目录
Contents

写给青少年的
美学故事

第一编
古希腊美学与中国先秦美学

公元前6世纪，在地中海的东部，理性思维的萌芽开始出现，西方各种美学流派都可以在这一时期找到源头；在太平洋西岸的中国，产生了不同于西方的道家、儒家美学思想，并对后世有着深远的影响。这就是古希腊美学与中国先秦美学的伟大开端。

第一章
美在和谐——毕达哥拉斯

英国哲学家罗素曾说过这样一段话："在全部的历史里，最使人感到惊异的就是突然兴起的希腊文明了。希腊人在文学艺术上的成就是大家熟知的。他们不为任何因袭的正统观念的枷锁所束缚，自由地思考着世界的本质和生活的目的。所发生的一切都是如此之令人惊异，以至于直到近现代，人们还乐于惊叹并神秘地谈论着这些希腊的天才们。"[①]在这个灿烂的思想天空中，就有一位明亮的数学之星，这就是被称为第一个真正数学家的毕达哥拉斯。

如果说希腊哲学是从泰勒斯开始，那么美学就是从毕达哥拉斯开始的。很多美学的基本概念都是毕达哥拉斯提出的，诸如净化、和谐、模仿等。

毕达哥拉斯（Pythagoras，鼎盛年约在公元前 532 年～前 531 年），据哲学家拉尔修说，他是和哲学家泰勒斯同时代的人。他出生在萨摩斯岛，这个岛屿是希腊最富的城邦之一。他的父亲是指环雕刻艺人，是当地的一个殷实的自由公民。那个时代，"萨摩斯被僭主波吕克拉底所统治着，这是一个发了大财的老流氓，有着一支庞大的海军"。[②]这位独裁的统治者因为贪财和骄傲，

毕达哥拉斯像

①②罗素：《西方哲学史》，商务印书馆 1980 年版。

不听劝告而被谋杀了。

毕达哥拉斯在年轻的时候勤奋地探讨数学和算术，后来他接受泰勒斯的劝说去了埃及，在埃及住了很长时间。而当时的埃及在文化上是相当的繁荣的。后来他还到过巴比伦、波斯等地。据说他通晓埃及文字，当过埃及的僧侣，介入埃及神庙中的祭典和秘密入教仪式，接受了当地流行的灵魂不朽、轮回转世以及其他一些宗教禁忌。诸如：“只用没有生命的东西作献祭；不吃豆子；禁吃活的东西；不要用铁去拨火；穿鞋子要从右脚开始；洗脚则要先洗左脚，等等”。他本人在后来自己创办的学派中宣传这些观念和生活方式。

大约 45 岁的毕达哥拉斯回到故乡萨摩斯岛，由于不满意独裁者波吕克拉底的统治，他几经周折移居到南意大利的克罗顿城，在那里继续从事把学术、政治、宗教等合为一体的活动。他以自己的教导在克罗顿这个杰出的城邦获得了许多门徒，据说有 600 人接受他的哲学思想，按照他的教导过着共同的生活。

毕达哥拉斯本人就是“一件制成了的艺术品，一个了不起的陶铸的天性”①的美男子。他仪表庄严，加上他的道德才干和独特的、神秘的生活方式，他们几乎把毕达哥拉斯看成了神，好像他原来就是一个有善心的精灵，把他称颂为司光明、青春、音乐、诗歌的太阳神阿波罗。“认为他是有人形的奥林比亚的一个人。他向同时代人显灵，给世俗

泰勒斯头像
希腊哲学的鼻祖，被尊为“希腊七贤之首”，传说毕达哥拉斯曾在泰勒斯的指导下进行科学研究。

写给青少年的
美学故事

美学辞典

美学（Aesthetics 或 Esthetics 来自希腊文，希腊文原意是“感觉上的或感知的”）：是哲学主要分支学科之一，主要研究美、艺术和审美经验。美学思想的产生和形成虽然很早，但是直到 1750 年，德国哲学家鲍姆加登《美学》著作的问世，才标志着“美学”作为一门独立学科而出现。

①黑格尔：《哲学史讲演录》第 1 卷第 211 页，商务印书馆 1959 年版。

带来有益的新生活。把幸福的火花和哲学带给了人类，作为神的礼物，那是过去不曾有过的、也不能有的更大的善了。因此，在今天还流传着用最庄严的方式公开赞扬这个长头发的萨摩斯人。"[①]

他们穿同样的衣服——一件与众不同的、白麻布的毕达哥拉斯式的服装。他们有一种很有定规的日常生活秩序。早上起身之后，就要回忆过去一天的历史，因为今天所要做的事情是与昨天所做的事情密切联系着的。他们也要记诵荷马和赫西俄德的诗句。在早上——常常一整天也是如此——他们从事音乐，音乐是希腊一般教育的主要对象。角力、赛跑、投掷等等体育运动，也同样有规律地进行着。他们在一块吃饭，并且在吃饭方面他们也有特别的地方：据说蜂蜜和面包是他们的主食，水是最主要的，甚至是唯一的饮料。他们同样也必须禁绝肉食，他们禁绝肉食是与相信灵魂轮回联系在一起的；就是在蔬菜食料中他们也有所分别，豆类是禁食的。由于他们崇敬豆类，常常被人嘲笑；当后来政治集团被解散时，毕达哥拉斯和许多门徒宁可死去也不让一块种豆子的地受到损害。[②]

据说，毕达哥拉斯是第一个使用"哲学"

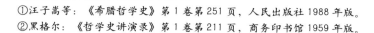

阿波罗与达芙妮
阿波罗是希腊古典精神的具体化，代表了人性中文明和理智的方面。由于毕达哥拉斯相貌俊美，学识渊博，他的追随者便将他看作阿波罗。图为阿波罗追求达芙妮，而美少女竭力躲避他。

---

①汪子嵩等：《希腊哲学史》第 1 卷第 251 页，人民出版社 1988 年版。
②黑格尔：《哲学史讲演录》第 1 卷第 211 页，商务印书馆 1959 年版。

这个词的人。"哲学"（Philosophy）即"爱智慧"之意（philosophia）；因为毕达哥拉斯说过，只有神是智慧的，任何人都不是。和神相比，人最多只能是爱智慧，也就是爱神。"当菲洛斯的僭主勒翁问毕达哥拉斯是什么人的时候，毕达哥拉斯说他是一名哲学家。他将生活和大竞技场作比较，在那里，有些人是来争夺奖赏的，有些人是带了货物来出卖的，而最好的人是沉思的观众；同样，在生活中，有些人出于卑劣的天性，追求名利，只有哲学家才寻求真理。"② 后来，哲学家把沉思和追求真理作为自己的信念。

"我们在这个世界上都是异乡人，身体就是灵魂的坟墓，然而我们决不可以自杀以求逃避；因为我们是神的所有物，神是我们的牧人，没有他的命令我们就没权利逃避。在现世生活里有三种人，正像到奥林匹克运动会上来的也有三种人一样。那些来做买卖的人都属于最低的一等，比他们高一等的是那些来竞赛的人。然而，最高的一种乃是那些只是来观看的人们。因此，一切中最伟大的净化便是无所为而为的科学，唯有献身于这种事业的人，亦即真正的哲学家，才真能使自己摆脱'生之巨轮'。"③

毕达哥拉斯认为，灵魂是一种和谐。净化灵魂的手段是音乐和哲学，

写给青少年的
美学故事

---

① 汪子嵩等：《希腊哲学史》第1卷第342页，人民出版社1988年版。
② 汪子嵩等：《希腊哲学史》第1卷第249页，人民出版社1988年版。
③ 罗素：《西方哲学史》，商务印书馆1980年版。

毕达哥拉斯定理在17世纪便已传到世界各国。上图是从欧几里得著作的各种译本中摘出的。

因为音乐是和谐的音调，音乐是对立因素的和谐统一，把杂多导致统一，把不协调导致协调。哲学是对事物间和谐关系的思索。但不论是音乐的和谐，还是事物之间的和谐，都是一种数的规定性，所以毕达哥拉斯所谓的智慧指对数的本性的把握。"一切其他的事物，就其整个本性来说，都是以数为范型的。"万物都是对数的模仿。"模仿"表达了普遍范畴对具体存在的这种关系。而模仿由此也成为一个重要的美学范畴。

毕达哥拉斯是西方最早发现勾股定理的人。据说这个学派还为这个发现举行了盛大的祭祀仪式。在这种对数的哲学研究中，毕达哥拉斯得出了一个重要的美学结论，就是和谐产生美。

"和谐是杂多的统一，不协调因素的协调。"据说有一次毕达哥拉斯路过铁匠铺，听到几个铁锤在一起打铁时发出的和谐的声音，他从中受到启发，经调查测定，发现不同重量的铁锤发出不同谐音的比例关系，从而肯定各种不同音调同数量的关系。后来他又在琴弦上做出进一步的测试，发现琴弦的长短、粗细、紧张程度成一定比例关系时发出的声音是和谐的，从而找出了八度、五度、四度音程的关系。如有两根绷得一样紧的琴弦，要是其中一根的长度是另外一根的两倍，即2比1，那么两个琴弦发出的音就相差八度；如果两根弦长之比是3比2，则短弦比长弦发出的音高5度；如果两根弦长之比是4比3，则短弦比长弦发出的音高4度。毕达哥拉斯由此认为音乐的基本原则就在于数量关系。数的关系是唯一规定音乐的方式。[1]和谐的数量关系发出美的声音。"毕达哥拉斯是表现声音与数字比例相对应的千古第一人，比任何人更早把

①阎国忠主编：《西方著名美学家评传》第12页，安徽教育出版社1991年版。
②马泰伊著，管震湖译：《毕达哥拉斯和毕达哥拉斯学派》第91页，商务印书馆1977年版。

一种看来好像是质的现象——声音的和谐——量化，从而率先建立了日后成为西方音乐基础的数学学说。"②

毕达哥拉斯把对音乐的研究推广到建筑、雕刻等艺术领域。既然音乐的和谐是由于数的比例关系造成的，那么只要调整好数量之间的比例关系，建筑和雕刻等就能产生出最美最和谐的艺术效果。由此，毕达哥拉斯和他的门徒们确立了一些经验性的审美规范，诸如完整、比例、对称、节奏等等，并且最早发现了所谓的黄金分割规律，即把黄金分割成长宽具有一定比例 [A ： B ＝ （A＋B） ： A] 的长方形，从而获得形式美的规律。毕达哥拉斯学派的传人、雕塑家波里克里托斯专门研究了人体各部分间的比例，写成了《法则》一书，明确指出了人体各方面的比例对称数据，如健壮的人体身高为七个头长（7：1），雕像的重心集中在一只脚上，另一只脚放松，能使整个身体的肌肉和筋的紧张与松弛变化突出，也能使整个形象更富于表现力。在波利克里托斯的代表作《执矛者》中，他就以头与全身 1：7 的比例塑造了高贵而肃穆的理想人体形象，用艺术作品本身来体现和谐就是美的原则。

波利克里托斯提出了头与身长比为 1：7 的最美的人体结构原则。

写给青少年的
美学故事

美学辞典

黄金分割（Golden Section）：这是公元前六世纪古希腊数学家毕达哥拉斯所发现，后来古希腊哲学家柏拉图将此称为黄金分割。这是一个数字的比例关系，即把一条线分为两部分，此时长段与短段之比恰恰等于整条线与长段之比，其数值比为1.618：1 或 1：0.618，也就是说长段的平方等于全长与短段的乘积。以严格的比例性、艺术性、和谐性，蕴藏着丰富的美学价值。近年来，在研究黄金分割与人体关系时，发现了人体结构中有 14 个"黄金点"，12 个"黄金矩形"黄金点。

黄金分割规律被人类应用到社会生活的各个领域，古希腊帕特农神庙正是运用这个规律的著名建筑。

这尊《执矛者》就是作者为了支持这个比例原则而作。雕像塑造的是一个体格健壮充满朝气的青年战士形象，体现了古希腊人对英勇战士们的崇敬心情。他肌肉发达，左手持矛，右腿站立，身体的重心落在右腿上；右手下垂，左腿则稍稍向后弯曲着地。整个的人体动态十分统一和谐，右脚支撑身体，躯干向左倾，头向右转，全身近似于一个优美的"S"型，仿佛在运动中寻求平衡。这种人体造型能使静立的雕像产生很强的动感。

"整个天体是一种和谐和一种数"，音乐实际上是一种模仿。存在于天体中的和谐，是音乐模仿的模板。哲学家康德曾写道："有两样东西，我们越是持久和深沉地思考着，就越有新奇和强烈的赞叹与敬畏充溢我们的心灵：这就是我们头顶的星空和我们内心的道德律。"这段极其诚挚的文字真实地道出了人类几千年的心声。

"数"是毕达哥拉斯打开宇宙奥秘的钥匙。音乐的和谐被认为是宇宙和谐的缩影。毕达哥拉斯认为，"完美的和谐体现在永恒不息地运动着的宇宙物体之中"。他把数规定为整个自然界的原则，认为音乐和宇宙都是一脉相通的，"整个天是一

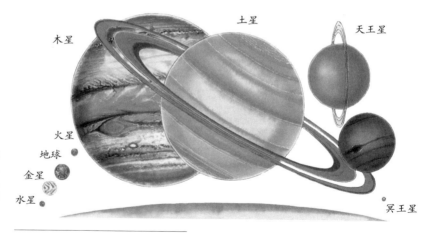

八大行星模拟图。按其距离的远近依次是：水星、金星、地球、火星、木星、土星、天王星、冥王星。①

① 2006 年国际天文学联合会取消了冥王星的行星身份，并为其分配了一个新的小行星序列号：134340

个和谐"，所以把天和整个自然界的一切范畴和部分都放在数以及数的关系之下。如果有些地方有不完全相合之处，他们便以另一种方式来弥补这些缺点，好造出一种一致性来。例如：因为他们认为十是完满的，包括整个数的本身，于是他们说，在天上运行的星球也是十个；然而他们只有九个可以看见，所以就造出第十个，即'对地'。这九个星球是：

当时已知的五（七）个行星：（1）水星，（2）金星，（3）火星，（4）木星，（5）土星，以及（6）太阳，（7）月亮，（8）地球，与（9）银河(恒星)。因此第十个是"对地"，至于"对地"，还不能决定他们究竟把它想成地球

图为音乐神阿波罗和抒情诗女

的反面，还是想成完全另外一个地球。这十个星球和一切运动体一样，造成一种声音，而每一个星球各按其大小与速度的不同，发出一种不同的音调。这是由不同的距离决定的，这些距离按照音乐上的音程，彼此之间有一种和谐的关系；由于这和谐关系，便产生运动着的各个星球的和谐的音乐，一个和谐的世界合唱。①音乐家的使命就在于使这种和谐从天上降临人世。音乐的使命就是使灵魂归于永恒的和谐。

传说乐神缪斯之子俄尔普斯善弹竖琴。他以自己优美的琴声吸引了整个宇宙，山石、鲜花、大海、男女老少乃至野游生物都被他的琴声所陶醉。后来，俄尔普斯爱上了欧律狄克，而欧律狄克被毒蛇咬死，俄尔普斯发誓要下到地狱追赶欧律狄克。看管欧律狄克的守护神这一次同样被俄尔普斯的音乐所慑服，便同意解除死亡之约，并将他的恋人送回人间。这段流传已久的神话显示了音乐的伟大。音乐之所以美妙和动听，因为音乐有灵魂、有思想。

毕达哥拉斯认为：这是由于音乐体现了宇宙的和谐。而这个和谐本质就是数的和谐。音乐使我们释放感情、寄托生活；在音乐之中，我们延续着文明，音乐使我们走向永恒。

写给青少年的
美学故事

①黑格尔：《哲学史讲演录》第1卷，商务印书馆1959版。

第二章
西方古典理性主义美学始祖
——苏格拉底

苏格拉底像

苏格拉底述而不作，他经常说"我只知道自己一无所知"，而正是他对"美本身"的追问使审美活动走向自觉，预示了美学产生的可能性。苏格拉底对知识的敬畏和他已取得的成就同时证明着他的伟大。

苏格拉底（Scorates，公元前469年～前399年），是雅典公民雕刻匠索佛隆尼斯库的儿子，母亲菲娜瑞特是个助产士，也就是接生婆。而成年的苏格拉底，称自己是精神的助产士。他少时即从事艺术雕刻，技艺精湛，据说雅典卫城建筑上的一组美神雕像就是他的作品。

苏格拉底被称作是"西方的孔子"，"他不仅是哲学史中极其重要的人物——古代哲学中最饶有趣味的人物，而且是具有世界史意义的人物"。

历史上有许多偶然的相似，他也和孔子一样，长得很丑：脸面扁平、一个大扁鼻子、嘴巴肥厚，挺着一个大肚子；他比滑稽戏里的一切丑汉还丑。他总是穿着褴褛的旧衣服，光着脚到处走。他和人谈话的时候偏低着头，像条壮实的公牛。他不顾寒暑，不顾饥渴，使得人人都惊讶。在《会饮篇》里曾这样描述苏格拉底服兵役的情形：我们的供应被切断了，所以就不得不空腹行军，这时候苏格拉底的坚持力真是了不起，他不仅比我，而且比一切人都更卓绝：没有一个人可以和他相比。他忍耐寒冷的毅力也是惊人的。曾有一次严寒天气，因为那一带的冬天着实冷得可怕，所有别的人不是躲在屋里，就是穿着多得可怕的衣服，紧紧把自己裹起来，把脚包上毛毡；这时只有苏格拉底赤着脚站在冰上，穿着平时的衣服，但他比别的穿了鞋的兵士走得更好；他们都对苏格拉底侧目而视，因为他仿佛是在鄙夷他们呢。

他是一个善于交际的人。他很少饮酒，但当他饮酒时，从没有人看见他喝醉过。根据柏拉图的记载，在一次宴会上，不管喝了多少酒，他仍然若无其事。大家最后靠在靠椅上睡着了，在天明醒来时，苏格拉底一杯在手，还在和阿里斯多芬谈论喜剧和悲剧，然后他照常去公共场所，去运动场，好像什么事情也没有发生，并且像平常一样整天到处找人谈话。"神让我到这里履行牛虻的责任，整天到处叮着你们，激励、劝说、批评每一个人。"[1]也因此，苏格拉底被指控"犯有败坏青年之罪，犯有信奉他自己捏造的神而不信奉城邦公认的神之罪。"苏格拉底被他所苦苦眷恋的城邦处死。欧里庇得斯在他的悲剧中这样谴责雅典人："你们已经扼杀了缪斯的全知的和无罪的夜莺。"

苏格拉底死于第95届奥林比亚赛会的第一年（公元前399年），那时他69岁；这是伯罗奔尼撒战争结束后第一届奥林比亚赛会的时间，是伯里克里死后29年，亚历山大出生之前44年。他经历了雅典全盛和开始衰落的时期；他体验了雅典繁荣的顶点和不幸的开始。

苏格拉底是各类美德的典型：智慧、谦逊、俭约、有节制、公正、勇敢、

写给青少年的
美学故事

苏格拉底之死　1787年　雅克－路易·达维特　法国
苏格拉底因坚持自己的信念将被判处鸩刑，但他神色安然，面无惧色。他手指更高的天国，表明那是他的最终归宿。

①柏拉图：《申辩篇》。生平部分参阅：罗素的《西方哲学史》上卷，商务印书馆1980年版；黑　格尔的《哲学史讲演录》第1卷，商务印书馆1959年版。

> 美学辞典
>
> 美：希腊语的Καλλος相当于英语的 beauty and good (virtue, good)，无论是汉语还是英语，都很难用一个词对译它。Καλλος兼有美和善的意思。既指形体的美，又指好的德行。毕达哥拉斯学派也用以指数目6。我国的甲骨文中，就已经有了"美"字。《说文解字》中作如下解释："美，甘也。从羊从大。在六畜主给膳也。美与善同意。"

坚忍、坚持正义、不贪财、不追逐权力。苏格拉底是具有这些美德的一个人，一个恬静的、虔诚的道德形象。他对于金钱的冷淡是完全出于他自己的决定，因为根据当时的习惯，他教授学生是可以像其他教师一样收费的。他把哲学从天上带到了地上，带到了家庭中和市场上，带到了人们的日常生活中。

美德即知识

苏格拉底提出了"美德就是知识"的著名命题。正如亚里士多德所说："苏格拉底不研究物理世界，而研究伦理世界，在这个领域里寻求普遍性，第一个提出了定义的问题。"[1]

苏格拉底认为无人自愿为恶，一切不正当的行为都是由无知所致。正如黑格尔所说，苏格拉底的哲学和他研讨哲学的方式是他的生活方式的一部分。他的生活和他的哲学是一回事。

苏格拉底的妻子是一个有名的悍妇，常常无故滋事，无事生非，邻人无不嫌恶。即使是苏格拉底的儿子都不能忍受其母亲的坏脾气，声称宁愿与野兽生活在一起，也不愿意看到自己的母亲。而苏格拉底却能与她耐心相处，并教导儿子说，这样的环境有助于培养涵养，而且是因为其母亲没有认识到为母亲和妻子的义务，儿子也没有认识到自己作为儿子的职责。他认为爱美德是人的天性。只要人们能够认识到自己行为的错误，人们就会像吐唾液一样把自己的错误抛弃掉。所以苏格拉底说，没有经过思考的生活是不值得过的生活。认为通过理性的思考就能获得知识，就能认识到美德。

----

[1]亚里士多德：《形而上学》第16页，商务印书馆1962年版。

他的哲学活动绝不是脱离现实而退避到自由的纯粹的思想领域中去的。产生这种同外部生活联系的原因，是他的哲学不企图建立体系；他研讨哲学的方式本身毋宁说就包含了同日常生活的联系，而不像柏拉图那样脱离实际生活，脱离世间事务。

亚里士多德对苏格拉底的美德的定义、原则所做的批评如下："苏格拉底关于美德的话说得比普罗泰戈拉好，但是也不是完全正确的，因为他把美德当成一种知识。这是不可能的。因为全部知识都与一种理由相结合，而理由只是存在于思维之中；因此他是把一切美德都放在识见（知识）里面。因此我们看到他抛弃了心灵的非逻辑的——感性的——方面，亦即欲望和习惯，而这也是属于美德的。欲望在这里不是情欲，而是心情的倾向、意愿。"[①]

正是基于这样的哲学基础，朱光潜先生认为前苏格拉底的哲学家都主要从自然科学的观点去看美学，要替美做自然科学的解释；到了苏格拉底才主要地从社会科学的观点去看美学问题，要替美找社会科学的解释。[②]

写给青少年的
美学故事

美即事物功用的发挥

"凡是我们用的东西如果被认为是美的和善的，都是从同一个观点——它们的功用去看的。"

据色诺芬在《回忆苏格拉底》中记载，苏格拉底和阿里斯提普斯有一段关于美的对话。

阿里斯提普斯问道："你知不知道什么东西是美的？"

苏格拉底回答道："美的东西有很多。"

"那么，他们都是彼此一样的吗？"阿里斯提普斯问。

"不然，有些东西彼此极不一样。"苏格拉底回答。

色诺芬头像
古希腊历史学家和著名作家，苏格拉底的弟子。

---

①黑格尔：《哲学史讲演录》第 1 卷，商务印书馆 1959 年版。
②《朱光潜全集》第 6 卷第 52 页，安徽教育出版社 1990 年版。

"可是，美的东西怎么能和美的东西不一样呢？"阿里斯提普斯问道。

"这个很自然呀，"苏格拉底回答道，"这是因为，美的摔跤者不同于美的赛跑者；美的防御用的圆盾牌和美的便于猛力迅速投掷的标枪也极不一样的。"

…………

"难道你以为，"苏格拉底回答道，"好是一回事，美是另一回事吗？难道你不知道，对同一事物来说，所有的东西都是既美又好的吗？首先德行就不是对某一些东西来说是好的，而对另一些东西来说才是美的。同样，对同一事物来说，人也是既美又好的；人的身体，对同一事物来说，也显得既美又好。而且，凡人所有的东西，对他们所使用的事物来说，都是既美又好的。"

"那么，一个粪筐也是美的了？"

"当然了，而且，即使是金盾牌也是丑的，如果对于其各自的用处来说，前者做得好而后者做得不好的话。"

"难道你是说，同一事物是既美而又丑的吗？"

"的确，我是这么说——既好又不好。因为一桩东西对饥饿来说是好的，对热病来说就不好。对赛跑来说是美的东西，对摔跤来说往往可能就是丑的，因为一切事物，对它们所适合的东西来说，都是既美又好的，而对于它们不适合的东西，则既丑又不好。"①

苏格拉底认为美是相对的，没有永恒绝对的美。美就是适用。每一件东西对于它的目的服务得很好，就是善的和美的，服务得不好，则是恶的和丑的。在这里苏格拉底从目的论的角度给美下了定义。

美是正义的行为

与看待事物的角度一样，苏格拉底也是从善或者是说目的论的角度来看待人的美。在这里，美不是指一种正义的思想，而是指正义的行为。而这个正义的意思就是适合的、发挥其自己功用的意思。一个人只有充分地实现了自己，就是一个充分地发挥了功用的人，也就是个具

---

①色诺芬著，吴永泉译：《回忆苏格拉底》第120～124页，商务印书馆1984年版。

有善的人，也就是个美丽的人。苏格拉底讲了一个故事来说明：美就是正义的行为。

一天，伊斯霍马霍斯看到妻子脸上擦了浓重的粉，抹着鲜红的胭脂，脚上穿了高跟鞋，心里非常不舒服，他就走到妻子的面前，微笑着对妻子说：亲爱的，你要知道，我是从心里不愿意看到你抹着白粉和胭脂的脸，而更喜欢看到你真正的肤色。这就像是马爱马，牛爱牛，羊爱羊一样，人类也认为不加伪装的人体是最可爱的。像这样无聊的装饰，也许可以用来欺骗外人，但是生活在一起的人如果打算互相欺骗，那一定会露出真相的。

德尔菲考古遗址
苏格拉底曾在此处聆听神谕。

写给青少年的
美学故事

苏格拉底并不否认人的外表美，他认为外表美不是经过修饰出来的，而是从一定的生产和生活实践中锻炼出来的，认为只有从事了正义的行为的人才是美的。

妻子问伊斯霍马霍斯：亲爱的夫君，你认为怎样才能使我更美呢？伊斯霍马霍斯回答：神保佑你成为一个女主人，不要像奴隶那样整天总是坐着，应该时常站在织布机前面，准备指导那些技术不如你的人，并向比你强的人学习；要照管烤面包的女仆；要帮助管家妇分配口粮；要四处查看各种东西是不是放得各得其所；和面揉面团，抖弄和折叠斗篷与被褥乃是最好的运动。这些运动，既能增进你的食欲，增强体质，又能够增加脸上的血色，使你变得更加美丽动人。[1]

苏格拉底首先是个伦理学家，他总是从社会效益的角度来看待美和艺术的。他是早期希腊美学思想转变的关键。他把注意的中心由自然界转到社会，美学也转变成为社会科学的一个组成部分。它从社会的观点指出美的评价标准在于对于人的效用。根据效用，他看出美的相对性。从此美就与善密切地联系在一起，而美学与伦理学和政治学也就密切地联系在一起了。[2]

---

①色诺芬著：《经济论》第52页，商务印书馆1961年版。
②《朱光潜全集》第6卷第54页，安徽教育出版社1990年版。

第三章
构建美学体系的柏拉图

在古希腊，曾经有一个美丽的传说：有一天晚上，苏格拉底做了一个梦，梦见自己的膝上飞来了一只天鹅。在古希腊神话里，天鹅是诗太阳神阿波罗的神鸟。这只天鹅很快长出了羽翼，唱着嘹亮美妙的歌，飞向了天空。第二天，就有一位青年来向苏格拉底拜师求学，这个青年就是后来的有"西方思想之父"之誉的柏拉图。他的一生像一只在人类智慧的天空中展翅飞翔的天鹅，给人类带来了理性的光辉。[1]

柏拉图（Plato，前427年～前347年）原名叫阿里斯托克勒（Aristokles），后来他的体育老师鉴于他体魄强健而前额宽阔，让他取名为柏拉图（在希腊语中，Plato一词是"平坦、宽阔"等意思）。

他生于雅典，父母为名门望族之后。母亲系梭伦家族，是梭伦的第六代后裔。据说他的生日与希腊神话中的太阳神阿波罗相同。当他还是吃奶的孩子的时候，一次，蜜蜂用蜜来喂养了他。这预示着他有杰出的口才，正如荷马所说："谈吐比蜂蜜还要甘甜。"

柏拉图著述颇丰。以他的名义流传下来的著作有40多

柏拉图像
柏拉图的对话录是有史以来最优美的希腊散文，既是艺术作品，也是哲学著作，并且其中也体现了他的美学思想。

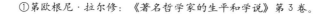

①第欧根尼·拉尔修：《著名哲学家的生平和学说》第3卷。

表现希腊音乐教育的陶画

柏拉图在《理想国》中强调了教育的重要作用，尤其是美育的重要影响。他主张美育与德育应统一，是德、智、体、美全面发展人的思想的萌芽。

篇，另有 13 封书信。其中有 24 篇和 4 封书信被确定为真品。柏拉图的著作大多是用对话体裁写成的。朱光潜先生说："在柏拉图的手里，对话体运用得特别地灵活，向来不从抽象概念出发而从具体事例出发，生动鲜明，以浅喻深，由近及远，去伪存真，层层深入，使人不但看到思想的最后成就或结论，而且看到活的思想的辩证发展过程。柏拉图树立了这种对话体的典范……柏拉图的对话是希腊文学中一个卓越的贡献。"[1]

写给青少年的
美学故事

他早年喜爱文学，写过诗歌和悲剧，并且对政治感兴趣，20 岁左右同苏格拉底交往后，醉心于哲学研究。苏格拉底之死，使他对现存的政体完全失望，于是离开雅典到埃及、西西里等地游历，时间长达十多年。公元前 387 年，已届不惑之年的柏拉图回到雅典，在城外西北角一座为纪念希腊英雄阿卡德美（Academy）而设的花园和运动场附近创立了自己的学校。这是西方最早的高等学府，后世的高等学术机构就因此而得名。学园门口写着："不懂几何学者不得入内。"柏拉图在自己的学园里，聚徒讲学，穷究宇宙真谛。柏拉图学园中有女神雅典娜、把天火偷到人间的普罗米修斯的圣殿。直到公元 529 年被查士丁尼大帝关闭为止，学园维持达九百多年。从希腊历史记述中可以看到，当时希腊半岛上到处种植着葡萄、橄榄树和无花果，可以想象，

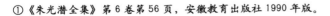

① 《朱光潜全集》第 6 卷第 56 页，安徽教育出版社 1990 年版。

当初学园里定是林木葱茏、花果飘香，犹如一个大花园。当这些思想巨子们徜徉悠游于丛林之间，驰骋遨游于精神王国之时，西方文化的胚胎实际上已经孕育于他们的心灵之中。

柏拉图一生都对政治抱有很高的热情。他创立学园的目的既是为了学术，也是为了实现他的政治理想——"除非真正的哲学家获得政治权力，或者城邦中拥有权力的人，由于某种奇迹，变成了真正的哲学家，否则，人类中的罪恶将永远不会停止"。针对当时的社会政治状况，柏拉图不仅勾勒出一幅改造现实的理想国家蓝图，而且三赴西西里，企图将这一理想付诸现实，要实现哲学和政治的联姻，产生"哲学王"，但是都以失败告终。但是，柏拉图依然是："人们可以说西方的思想或者柏拉图，或者是反柏拉图的，可是在任何时候都不是非柏拉图的。"[①]

美是什么?

柏拉图在他的对话《大希庇亚篇》中，借着苏格拉底之口专门讨论了美的实在性、美的本质、审美快感等一系列重大的美学问题。这是西方美学史上第一篇专门讨论美学问题的文献。希庇亚来自伯罗奔尼撒半岛，是一个著名的智者。全篇对话集中讨论了七个美的定义，但是最后都被苏格拉底给否定了。

第一个定义："一个美的少女就是美"

这种观点认为，美是具有美的具体属性的事物。认为美就是美的少女、母马、竖琴、汤罐等。而柏拉图认为美是一种可以称为美本身的东西。它加到任何一件事物上，就使那件事物成其为美，不管它是一块石头，一块木头，一个人，一个神，一个动作，

美神维纳斯

①转引自汪子嵩等著：《希腊哲学史》第 2 卷第 596 页，人民出版社 1988 年版。

还是一门学问。美和美的东西是两码事情，不能混为一谈，美的东西是相对的，而美是绝对的。正如赫拉克利特所说：最美的猴子比起人来也是丑的。依次类推，最美的少女比起神也是丑的。苏格拉底要寻找的是美本身，这种美自身把它的理念加到一件东西上，才使那件东西被称为美。

第二个定义：黄金就是这种美

希庇亚针对苏格拉底的反驳，提出第二个美的定义。要是把某种东西加到另一种东西，才使得那种东西成为美的话，那黄金正是这样的事物，所以黄金就是这种美。苏格拉底从两个方面反驳了这个观点。镶了黄金的东西并不一定都美，而很多美的东西都与黄金无关。用象牙雕刻的雅典娜也是美的，自然界的石头也是美的，而且就喝汤来讲，实用的木汤匙也比不实用的金汤匙要美。可见美也不是黄金，不是任何能使事物显得美的质料或形式。

写给青少年的
美学故事

第三个定义：美就是一种物质上或者是精神上的满足

希庇亚又说："对于一个人，无论古今，一个凡人所能有的最高的美就是家里钱多，身体好，全希腊人都尊敬，长命到老，自己给父母举行过隆重的葬礼，死后又由子女替自己举行隆重的葬礼。"苏格拉底驳斥道：我要问的是美自身，这种美自身是超越时空的永恒美，是现在是美的，过去也是美的。征讨特洛伊的希腊英雄阿喀琉斯，就不曾随着祖先葬于自己的城邦。物质和精神上的享受总是短暂的，不断变化的，而美却是永恒的。

公元前8世纪古希腊象牙王座
此为修复的象牙王座，上附有金箔。可以说象牙王座是既美而又实用的。

第四个定义：美就是有用、恰当、有益的

苏格拉底本人就持这样的观点。但是柏拉图在这里借着自己

老师之口，驳斥了这样的观点。质朴无华的木汤匙比晶莹华贵的金汤匙更美，因为木汤匙更恰当，有用，有益。按照这种功利主义的观点，人们宁肯去欣赏一个顶用的粪筐，而不愿意去观看五颜六色的悲剧演出了。而且，如果说美是有用、恰当、有益，那么，对坏人恰当、有用、有益，或者坏人认为恰当、有用、有益，是否可以称之为美呢？显然不是这样。美和善不是一回事，不可能用善来给美下定义。美不是善，善也不是美。

第五个定义：美就是由视觉和听觉产生的快感

希庇亚又提出美就是由视觉和听觉产生的快感。苏格拉底反驳道：的确，美而不引起快感是不可能的，而美所引起的快感大多是借助了视觉和听觉两种器官的。我们欣赏绘画、舞蹈、雕塑就少不了视觉，欣赏音乐、戏曲、诗歌又离不开听觉。但是能否把美与视觉、听觉的快感等同起来呢？显然不能，理由是：第一，有些美，比如习俗、制度的美，并不是纯粹由视觉、味觉、听觉引起的快感。第二，如果美就是快感本身，那么触觉、味觉、嗅觉同样能引起快感，为什么不可以叫作美呢？第三，视觉和听觉两种官能，它们引起的是两种不同的快感，既然如此，其中任何一种快感都不能说是与美同一的。美应该是件具有这两种快感的一种性质。[①]

经过这么讨论，最后得出结论：什么是美是难的。

正如歌德所说：美是费解的，它是一种犹豫的、游离的、闪耀的影子，它总是躲避着被定义所掌握。但是，柏拉图"美本身"概念的提出，把美的探讨从感性领域推进到概念和超验领域，标志着美学史上新的里程碑——本体论美学的萌生。

---

①阎国忠：《古希腊罗马美学》第 79～82 页，北京大学出版社 1983 年版。

美是理式

为了摆脱赫拉克利特的美的相对论所造成的困惑，寻找美自身——一种永恒的美，柏拉图四处求教，接触到智者派的学说。智者派认为人是万物的尺度，依据智者的说法，真、善、美就没有客观的标准了，谁都可以宣布发现真、善、美了。这显然不能满足柏拉图的需要。后来，柏拉图又向巴门尼德求教。巴门尼德认为，世界万物变动不居，不可捉摸，这个是非存在，必定有一个本原的、纯然的、恒定的世界，这个才是真正的存在，真理只能在这里存在。巴门尼德借正义女神之口，指出了真理之路和意见之路的区分：意见之路按众人的习惯认识感觉对象，"以茫然的眼睛、轰鸣的耳朵和舌头为准绳"；真理之路则用理智来进行辩论。"真理"和"意见"是希腊哲学一对重要概念，从巴门尼德最初所做的区分来看，两者不仅仅是两种认识能力，即理智和感觉的区分，而且是与这两种认识能力相对应的两种认识对象的区分：真理之路通往"圆满的"、"不动摇的中心"，而意见却"不真实可靠"。① 柏拉图深受启发，提出自己的美是理式（idea）学说。②

写给青少年的
美学故事

这是 19 世纪比利时象征主义画家尚·德维的作品，描绘了柏拉图大约在公元前 386 年创办了著名的雅典学院，向希腊的年轻人传授有关真理和美学的课程。

---

① 赵敦华著：《西方哲学简史》第二章，北京大学出版社。
② idea 这个词，国内通常翻译成理念，朱光潜先生认为柏拉图的这个 idea 是和黑格尔的 idea 不 同，主张翻译成理式。陈康翻译成相。本书采用美学中的通常译法——理式。

柏拉图的美是理式说可以概括为以下几点：

第一，美的本质不在自然事物，而在理式（如和谐、智慧、至善至美等），理式是自存自在的，因此是永远没有变异和发展的。事物的美是由于理式的参与所形成的。

第二，理式因为其所包含的内容的外延不同，分成许多层次，美也有很多等级。最高的理式是至善至美，它所体现出来的美是绝对的美。最低级的理式只能微弱地看出某种低级理式的事物美，还有很多美是介乎它们二者之间的，比如心灵美、制度美等等。

第三，绝对美事实上是美的本体，是美的最完全体现，至美也是至善。[1]

"这种美是永恒的，无始无终、不生不灭、不增不减的。它不是在此点

从他的那个时代到现在，一直有各种各样表现柏拉图的画像。这幅壁画绘于16世纪的罗马尼亚修道院，柏拉图（中）与数学家毕达哥拉斯、雅典伟大的改革家和执政官梭伦在一起。

---

[1]《朱光潜全集》第12卷第109页，安徽教育出版社1991年版。

"美的东西之所以是美的，乃是由于美本身。"
——柏拉图

美，在另一点丑；在此时美，在另一时不美；在此方面美，在另一方面丑；它也不是随人而异，对某些人美，对另一些人就丑。还不仅如此，这种美并不是表现于某一篇文章，某一个学问，或是任何某一种个别物体，例如动物、大地或者是天空之类；它只有永恒地自存自在，以形式的整一永远与它自身同一；一切美的事物都以它为源，有了它，一切美的事物才成其为美，但是那些美德事物时而生，时而灭，而它却毫不因之有所增，有所减。"①

柏拉图所谓的理式是真实世界的根本原则，原有"范形"的意义。如一个"模范"可以铸出无数器物。例如"人之所以为人"就是一个理式，一切个别的人都是从这个"范"得他的"形"，所以全是这个"理式"的摹本。最高的理式是真、善、美。理式近似佛家所谓的"共相"，似"概念"而非"概念"；"概念"是理智分析综合的结果；"理式"则是纯粹的客观的存在。②

写给青少年的
美学故事

艺术是模仿

"从荷马起，一切诗人都只是模仿者，无论是模仿德行，或是模仿他们所写的一切题材，都只是得到了影像，并不曾抓住真理。"③艺术即模仿是古希腊的传统看法。

柏拉图以它的哲学理式论和审美回忆说为基础，认为艺术是对现实的模仿，然而现实又是对理式的模仿。在柏拉图心中有三种世界，理式世界、感性的现实世界和艺术世界。艺术世界是由模仿现实世界来的，现实世界又是模仿理式世界来的，这后两种世界同是感性的，都不能独立存在。只有理式世界才能独立存在。例如：床有三种，第一是床之所以为床的那个床的理式；其次是木匠按照床的理式所制造出来的个别的床；第三是画家模仿个别的床所画出的床。这三种床之

---

① 柏拉图著，朱光潜译：《文艺对话集》第 76 页，人民文学出版社 1980 年版。
② 阎国忠著：《古希腊罗马美学》第 88 页，北京大学出版社 1983 年版。
③ 柏拉图著，朱光潜译：《文艺对话集》第 272 页，人民文学出版社 1980 年版。

中只有床的理式是永恒不变的，为一切个别的床所依据，只有它才是真实的。木匠制造出的个别的床，虽然是根据床的理式，却只模仿床的某些方面，受到时间、空间、材料、用途等种种限制。这个感性的床是没有永恒性和普遍性的，所以也是不真实的，只是一种摹本或幻象。至于画家所画的床虽然是根据木匠的床，但是模仿的却只是从某个角度看的床的外形，不是床的实体，所以更不真实，只能是摹本的摹本，影子的影子，和真理隔着三层。[①]

柏拉图对艺术持否定态度，认为艺术渎神，给人的放任和纵情提供机会和理由，要把那些模仿诗人和艺术家从他的理想国里驱逐出去。另一方面，鼓励和管理那些生产有益于儿童和青年的艺术家。其实在柏拉图心中，艺术应该为他的理想国服务，这与他的哲学观点分不开。他认为人生的最高理想是对最高的、永恒的理式或真理的凝神观照，这种真理才是最高的美，是没有感性形象的美，观照时的无限喜悦便是最高的美感。所谓的以美为对象的学问并不是现代意义上的美学，在这里，美与真同义，所以它是哲学。但是，正如鲍桑葵所说："在柏拉图的著作中，我们既可以看到希腊人关于美的理论的完备体系，同时也可以看到注定要打破这一体系的一些观念。"[②]

> **美学辞典**
>
> 理式：希腊文理式（idea，eidos）一词出于动词观看（idein），即可见的东西，后来比喻为心灵之眼所看见的东西。柏拉图认为，人有感觉和理智两种能力，它们所指向的对象也有两种，即有着两类不同的存在，一类是理式，另一类是和它们同名的具体事物。理式作为永恒、单一、不动的绝对存在，与暂时、复合、变动不居的可感事物之间有着不可逾越的鸿沟。理式是可感事物的依据，理式与可感的个别事物之间是本原与派生、原型与摹本的关系。柏拉图进而提出"分有"（metecho）与"模仿"（mimeomai）说来解释这种关系是如何可能的。

---

① 《朱光潜全集》第 6 卷第 60 页，安徽教育出版社 1990 年版。
② 鲍桑葵著，张今译：《美学史》第 63 页，商务印书馆 1985 年版。

第四章
老庄倡导天然之美

中国哲学史、中国美学史应该从老子开始。[①]

老子是道家学派的创始人，同时也是道家美学思想的奠基者。他对中国古代美学的发展做出了独特的贡献。

作为影响中国文化两千多年的老子，他的生平史载不多，老子活动的时期为公元前 6 世纪左右。据司马迁《史记》记载，老子姓李，名耳，字聃，楚国苦县历乡曲仁里人，据史家考证，苦县历乡曲仁里即现在河南省鹿邑县太清宫镇。老子曾任周守藏室之史，后又为柱下史，通晓古今之变。

"老子修道德，其学以自隐无名为务。居周久之，见周之衰，乃遂去。至关，关令尹喜曰：子将隐矣，疆为我著术。于是老子乃著书上下篇，言道德之意五千余言而去，莫知其所终。"老子修道德，其学以自隐无名为务。因见周朝衰落，就骑青牛离去，在函谷关应关令尹喜的请求，著书五千余言，言道德之意，这就是后世流传的《道德经》，又名《老子》，字数虽不多，却句句经典，后世对它的注释、论著汗牛充栋。司马迁在总结道家思想时说："其实易行，其辞难知，其术以虚无为本，以因循为用。"

《道德经》的作者之所以被称为"老子"，大概首先是因为他年老，长寿。司马迁曰："盖老子百有六十余岁或言三百余岁，以因修道而养寿也。"[②]

老子出关图　明

---

① 叶朗著：《中国美学史大纲》第 20 页，上海人民出版社 1985 年版。
② 《史记·老子韩非列传》。

老子思想中没有独立的美学体系，老子的哲学和美学是完全融为一体的，或者说其审美观只是其哲学理论的延伸。从老子哲学可以推知老子的审美观，老子认为美本于道，以道为美。美是老子所追求的最高境界，并将其与作为最高实体的"道"有机地结合起来，达到了对人性自然本真状态的理想追求。

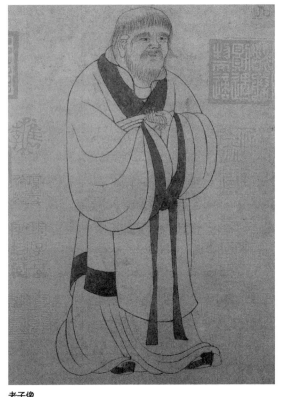

老子像

老子在中国哲学史上最早提出"道"这个概念，"道"不仅是道家哲学的最高范畴，而且成了以后整个中国哲学的最高范畴。

"道"是老子哲学和美学思想的最高和核心范畴。无论是道家之"道"，还是儒家之"道"，都是在形而上即超越于具体事物之上的意义上讲的。"形而上者谓之道，形而下者谓之器。"①

关于"道"，老子曾作过多种解释，大致有三方面的含义：道为无形无象的"无"；道是普遍法则；道为混成之物。

老子的道是宇宙本体："道生一，一生二，二生三，三生万物。""万物负阴而抱阳，冲气以为和。有物混成，先天地生。寂兮寥兮，独立而不改，周行而不殆，可以为天地母。

① 《周易·系辞上传》。

吾不知其名，强字之曰道，强为之名曰大。大曰逝，逝曰远，远曰反。"

道是无形无象的："视之不见，名曰夷；听之不闻，名曰希；搏之不得，名曰微；此三者不可致诘，故混而为一。其下不昧；绳绳不可名，复归于无物。是谓无状之状，无物之象，是谓惚恍。"因此，老子说："道可道也，非恒道也；名可名也，非恒名也。""无，名天地之始；有，名万物之母。故常无，欲以观其妙；常有，欲以观其徼。此两者，同出而异名，同谓之玄。玄之又玄，众妙之门。"

道既不是万物之一物，那么，它的规定性就只能从"与物反"的角度，从与万物相对的方面给出。"反者，道之动"。《老子》的"道"是从与感性万物相反，通过对感性万物的否弃获得的。"道"就被规定为"无状之状、无象之象"，"寂兮寥兮"，"视之不见"，"听之不闻"，"搏之不得"的；物质层面的东西是变幻无常的，"道"是"独立而不改，周行而不殆"的永恒之物；经验层面上要用知、欲、为去对待，那么"道"就只能用愚、寡欲、无为去对待。

老子多次以水为例子来说明"道"："天下莫柔弱于水，而攻坚强者莫之能胜，其无以易之也。弱之胜强，柔之胜刚，天下莫不知，莫能行。""上善若水，水善利万物而不争，处众人之所恶，故几于道。居善地，心善渊，与善仁，言善信，政善治，事善能，动善时。夫唯不争，故无尤。""江海所以能为百谷王者，以其善下之，故能为百谷王。"老子看来，水有"不争"的善德，而"天下莫能与之争"。效法水就是效法"自然"的一种表现。"自然"的关键不在于"是什么"而在于"不是"什么。

写给青少年的
美学故事

老子认为"天得一以清，地得一以宁，神得一以灵，谷得一以盈，万物得一以生，侯王得一而以为天下正。"这个"一"就是"道"，可以理解为是一种整体美。

"道法自然"是老子美学所提出的一个基本命题。在老子看来，最自然的即是最美的，最高的审美标准和审美境界就是要合乎自然之道，体现自然无为。

"自然"一词最先出现在《老子》中，是《老子》首创的概念。"自

---

①陈鼓应：《老子注译及评价》第170页，中华书局1984年版。

然"的观念是"老子哲学的基本精神"。①

"人法地，地法天，天法道，道法自然。"
这里的"自然"具有两层含义，一是现实淳朴的自然界，一是自然而然的审美状态。既然"道"无从解释，那么作为"道"性之"自然"也是无法解释的。自然，其端兆不可得而见也，其意趣不可得而睹也。法自然者，在方而法方，在圆而法圆，于自然无所违也。自然者，无称之言，穷极之辞也。①

老子追求的是一种"复归于朴"的状态："见素抱朴，少私寡欲，绝学无忧"的自然纯朴状态的美。反对违背淳朴自然的虚饰华美之美，而主张返璞归真的自然而然之美。"我无为而民自化，我好静而民自正，我无事而民自富，我无欲而民自朴。"老子所醉心的理想社会是："子独不知至德之世乎……当是时也，民结绳而用之，甘其食，美其服，安其居，乐其俗。邻国相望，鸡犬之声相闻，民至老死不相往来。"

对于美，老子也持为学日益，为道日损的态度："天下皆知美之为美，斯恶已；天下皆知善之为善，斯不善已。故有无相生，难易相成，长短相形，高下相倾，音声相和，前后相随，恒也。"

老子强调人与自然的和谐，反对过分的感官享受。他说："五色使人目盲，五音使人耳聋，五味使人口爽；驰骋田猎使人心发狂，难得之货使人行妨，是以圣人，为腹不为目。故去彼取此。"

老子授经图轴　清　任颐　纸本
本图根据老子授经尹喜的故事绘制。尹君，春秋末人，为函谷关吏，故又称关尹。某日，尹喜见城外有紫气东来，知是仙人将至，便整衣冠急急来至城门外守候。不久老子骑青牛而至。尹喜于牛前跪拜，希望老子有所传授。老子见其诚恳，便授《道德经》五千余言。后尹喜随老子西去，不知所终。

①楼宇烈著：《王弼集校释》第65页，中华书局1980年版。

庄子继承和发展了老子和道家思想。《史记》说："其学无所不窥，然其要本归于老子之言……明老子之术……故其著书十余万言，大抵率寓言也……其言汪洋自恣以适己，故自王公大人不能器之。"

庄子，名周（约公元前369年～前286年），宋国人，今河南商丘东北，与梁惠王、齐宣王同时代。战国时期哲学家。代表作《庄子》，这本书又被称为《南华经》，阐发了道家思想的精髓，对后世产生了深远影响。

据《庄子》记载，庄子住在贫民区，生活穷苦，靠打草鞋过活。有一次他向监河侯借粟，监河侯没有满足他的要求。还有一次，他穿着有补丁的布衣和破鞋去访问魏王，魏王问他何以如此潦倒，庄子说，我是穷，不是潦倒，是所谓生不逢时。他把自己比作落在荆棘丛里的猿猴，"处热不便，未足以逞其能也"，说自己"今处昏上乱相之间"，没有办法。

庄子认为"道"是一切美的根源。庄子认为道的根本特征在于自然无为，并不有意识地追求什么目的，却自然而然地成就了一切目的。人类生活也应当一切纯任自然，这样就能超出于一切利害得失的考虑之上，解除人生的一切痛苦，达到一种绝对自由的境界。这种与"道"合一的绝对自由境界，在庄子看来就是唯一的真正的美。"若夫不刻意而高，无仁义而修，无功名而治，无江海而闲，不道引而寿，无不忘也，无不有也，澹然无极而众美从之。"

庄子美学是一种以"道"为本的人格理想美学，是一种自然无为的飘逸出世的美学。张岱年说："中国哲人的文章与谈论，常常第一句讲宇宙，第二句便讲人生。更不止此，中国思想家多认为人生的准则即是宇宙之根本，宇宙之根本便是道德的标准；关于宇宙的根本原理，

庄子像
庄子是继老子之后，战国时期道家学派的代表人物，同时他也是一位优秀的文学家、哲学家。庄子的美学思想是对老子美学思想的发展，其核心是提倡自然本色之美。

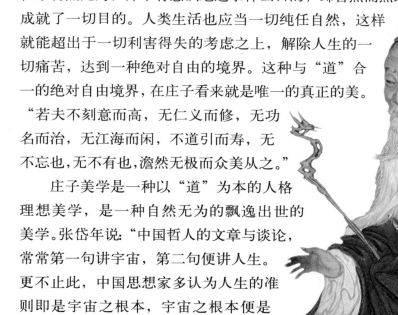

也即是关于人生的根本原理。所以常常一句话，既讲宇宙，亦谈人生。"

"庄子思想发源于对人的精神自由（逍遥）的追求"。"逍遥"一词虽然最早见于《诗经》中"二矛重乔，河上乎逍遥"之句，但作为哲学概念使用，却始于《庄子》，它的内涵也不同于《诗经》中的"逍遥"。从《逍遥游》来看，"逍遥"在这里是指超凡脱俗、不为身外之物所累的心理状态和精神境界，近乎我们今天所说的"绝对自由"。追求"逍遥"是庄子人生哲学的主要内容，也是整个庄子思想的核心。

庄子追求的就是逍遥，一种自由超脱的人生境界，是一种"无待"之境，是独与天地精神往来的生命状态。《逍遥游》说，大鹏、小鸠和列子等都有所待，所以都称不上绝对的自由，真正获得自由的"至人"是无所待的，这样的至人超脱于是非、名利、生死之外，进入"天地与我并生，万物与我为一"的神秘境界，追求的是"与天地精神往来而不敖倪于万物"的精神。

他描写的凌驾于天地万物之上而无待逍遥的"圣人"寄托了他对自由人生的向往。《逍遥游》中描写道："乘天地之气，御六气之辨，以游无穷……乘云气，御飞龙，而游乎四海之外……游乎尘垢之外。"这都是他心灵中理想形象的生命状态：自在而逍遥的状态。其放荡旷达之心，最为突出的体现就是，他妻子死了，

《庄子》书影

他不悲伤，反而鼓盆而歌。这昭示的是庄子对生死的深彻解悟与超脱。

庄子认为，美存在于天地之中，即存在于大自然之中。他说：彼民有常性，织而衣，耕而食，是谓同德；一而不党，命曰天放。故至德之士，其德填填，其视颠颠，当是时也，山无溪遂，泽无舟梁；万物群生，连属其乡；禽兽成群，草木遂长。同与禽兽居，族与万物并，恶乎知君子小人哉！庄子认为，先民在自然怀抱中耕织衣食，与花草树木并生共存，与飞禽走兽和谐相处，大自然赋予人生命活动的自由，完全不知道有什么世俗之争，君子小人

"吾生也有涯，而知也无涯。以有涯随无涯，殆已。已而为知者，殆而已矣。" ——庄子

之别，这才真正符合人之自然本性，见出自然之美。而圣人以仁义理智毁灭了无为之道，淳朴之风，也就损害了大自然的和谐朴素之美。要保持自然美，就不要人为地用仁义理智去干扰和违背自然规律，而要以自然规律即所谓"道"为法则，为行为规范。圣人如果经过"去甚、去奢、去泰"之"为"就可达到"不为"之目的；如果能"执大象"，执"无象之象"，"则天下自往归之"，即到达"无为"之境，从而"天下皆归于无为矣"。

庄子高扬自然之道，提出"天地之美"。"天地有大美而不言，四时有明法而不议，万物有成理而不说。圣人者，原天地之美而达万物之理，是故至人无为，大圣不作，观于天地之谓也。"这种美与万物的自然本性相通，广而无边，深不可测，故称之"大美"。天地自然直接体现了道的根本特性，因此它是"大美"的事物。

写给青少年的
美学故事

"天地之美"的本质就是在于它体现了"道"的自然无为的根本特性，"无为而无不为"是"天地之美"的根本原因。庄子主张顺物之性，尊重个性发展，反对人为的束缚，"天下有常然。常然者，曲者不以钩，直者不以绳，圆者不以规，方者不以矩，附离不以胶漆，约束不以索"。这就是说，天下万物各有常分，应顺物之性，任其天然发展。

庄子《养生主》篇说："泽雉十步一啄，百步一饮，不蕲畜乎樊中，神虽王，不善也。"《马蹄》篇说："马，蹄可以践霜雪，毛可以御风寒，龁草饮水，翘足而陆，此写之真性也。虽有义台路寝，无所用之。"庄子的意思是说，无论是泽雉也好，还是驰也好，它们任于真性，放旷不羁，俯仰于天地之间，逍遥自得之场，不蕲求"畜乎樊中"，不蕲求"义台路寝"，真有怡然自得之乐。

庄子以自然为自由。庄子强调用自然的原则反对人为，得出了他关于物性自由的著名论断："牛马四足，是谓天，落马首，穿牛鼻人。故曰：无以人灭天，无以故灭命，无以得殉名。"万物按其自性成长就是自由，如果加上人力的钳制，那就是对其自由本质的悖逆。像鲦鱼的从容出游，骏马的龁草饮水，翘足而陆，草木在春雨时节的怒生，

庄周梦蝶图 元 刘
贯道

《庄子·齐物论》曰:
"昔者庄周梦为胡蝶,
栩栩然胡蝶也,自喻
适志与! 不知周也。
俄然觉,则蘧蘧然周
也。不知周之梦为胡
蝶与,胡蝶之梦为周
与? 周与胡蝶,则必
有分矣。此之谓'物
外'。""庄周梦蝶"
在后世成为文人士大
夫热衷表现的题材。
上图人物线条高古,
构图严谨,刻画了庄
周闲适的情性。

这些形形色色的生存方式,一方面是其自由之乐的显现,另一方面也是其本真之性的率然流露。他认为自然的一切都是美好的,人为的一切都是不好的。

在庄子眼中,自然是富有情感的生命体,它可以和人的情感对应往来。他感悟人与自然的交融浑化。著名的"庄周梦蝶"和"濠梁观鱼"的寓言,表明了庄子在与自然万物"神与物游"的过程。所以,"昔者庄周梦为胡蝶,栩栩然胡蝶也,自喻适志与! "不知何者为庄,何者为蝶,交融互化,浑然为一;"鲦鱼出游从容,是鱼之乐也。"以物之心度物之情,感受天地万物的喜怒哀乐。

道家美学是建立在自然之道基础上,以真与美的一致为最高的审美理想和艺术追求的。庄子提出的"法天贵真"的美学思想就继承并深入发展了老子的真与美相统一的自然主义审美观。老子以"贵真"为特色的自然主义审美观,开创了中国美学史上注重真与美相统一的道家美学传统,对中国古代艺术和审美观产生了重大的影响,使尚自然纯朴、贵真美实情、主写真去伪成了中国古代文学艺术和审美活动中所普遍竭力追求的最高审美理想。

在审美方式上,《老子》中提出"涤除玄览",要排除主观欲念和主观成见,保持内心的虚静,这样才能观照宇宙万物的变化及其本原,才能体悟到"道"之"大美"。

"涤除玄览，能无疵乎？"涤是洗垢，扫除尘埃，涤除是洗净心灵的意思。"玄览"原为"玄鉴"，指明澈洁净的心境，"涤除玄览，能无疵乎"即指经常洗涤心镜，清除杂念，摒弃成见，保持澄明清澈，无纤无尘，以朗照万物，体悟玄机。"览"字即古"鉴"字。古人用盆装上水，当作镜子，以照面孔，称它为监。《庄子·天道篇》也直接把圣人之心比做"鉴"，"圣人之心静乎，天地之鉴，万物之镜也。"

老子提出"玄览"观的目的在于得"道"。老子要求"营魄抱一"、"专气致柔"，就是追求一种形神合一、凝神静气、虚静无为的精神状态，核心是"虚静"。"虚"，虚无。老庄认为，道的本性就是"虚无"，正因为虚无，才能产生天地万物。"静"，老子说："夫物芸芸，各复归其根。归根曰静，静曰复命。""复其性命之本真，故曰复命。"虚静，合而言之就是指心境清除了人欲与外界干扰，合于自然之道的空明宁静的状态。因为"心有欲者，物过而目不见，声至而耳不闻。"至"虚静"无为、顺任自然的心态，也就可以"玄览"万物了，所以老子说："致虚极，守静笃，万物并作，吾以观复。夫物芸芸，各复归其根，归根曰静。"王弼注云："以虚静观其反复，凡有起于虚，动起于静，故万物虽并动作，卒复归虚静，是物之极笃也。"

写给青少年的
美学故事

"虚静"则是"道"的本体存在的一种形态，即"道冲"（冲即虚空）。庄子认为"夫虚静恬淡寂寞无为者，天地之本，而道德之至"。"虚静恬淡，寂寞无为"是万物之本，是生命底蕴的本原状态，同时也是美之本。"素朴"是一切纯任自然之义，是"虚静恬淡，寂寞无为"的表现。庄子及其学派认为自然天成、无欲无为是天下之大美，"恰好从最根本的意义上素朴而深刻地抓住了美之为美的实质"。

庄子全面地继承了老子的主张，提出了著名的"心斋"、"坐忘"式的"虚静"观点，他在《庄子·天道》中说："水静犹明，而况乎精神！圣人之心静乎！天地之鉴也，万物之镜也。""言以虚静推于天地，通于万物。"认为心虚静如天地之镜，方能"通于万物"。圣人之心不存欲、智、成见，虚静如镜，就能朗照万物而不受任何牵累。"虚"："夫心有敬者，物过而目不见，声至而耳不闻也"；"静"："毋先物动，以观其则，动则失位，静乃自得"。韩非说："虚则知实之情，静则知动之正。""虚"、"静"是体道的途径，因而也是治国、处世、养身、致知的态度和方法。

濠梁秋水图卷
南宋 李唐
此图描绘的是庄子与惠子（即惠施，名家的代表人物）于濠水游玩时的情景。

《庄子·人间世》中有一段孔子和他的学生颜回的对话："回曰：'敢问心斋。'仲尼曰：'若一志，无听之以耳而听之以心，无听之以心而听之以气！听止于耳，心止于符。气也者，虚而待物者也。唯道集虚。虚者，心斋也。'"许慎《说文》："斋，戒洁也。"道存在于虚之中，而虚就是心斋——心的斋戒。做到了虚其心，就得到了道，既然心斋即虚，虚即得道，则得道之心称之为心斋也。《庚桑楚》说："贵、富、显、严、名、利六者，勃志也；容、动、色、理、气、意六者，谬心也；恶、欲、喜、怒、哀、乐六者，累德也；去、就、取、与、知、能六者，塞道也。此四六者不荡心中则正，正则静，静则明，明则虚，虚则无为而无不为也。""心斋要求心中'无知无欲'，达到'虚壹而静'的情况。在这种情况下，'精气'就集中起来。这就是所谓'唯道集虚'，神静而虚，即心斋也。"[1]

《庄子·大宗师》云："堕肢体，黜聪明，离形去知，同于大通，此为坐忘。""坐忘"就是通过凝神静坐，排除七情六欲，泯除"有己""有待"之念，忘掉了一切，进入了物我两忘的境界。心志虚一清静，不为外物所累，不为利欲所动，就能无为无我，就能忘却现实的一切，从而消释现实带来的重负，达到精神上与天地玄同，与自然为一。

通过心斋和坐忘，才能达到虚静，而"虚静"是审美体验的极境，因而也就是审美创造的前提。只有虚静其怀，才能观美。"虚静"之于艺术创造的重要性还表现在它与"神思"的关系上。艺术创造依仗神思，而神思又只有在虚静中方可求得。

---

① 《中国哲学史新编》第 129 页，人民出版社 1995 年版。

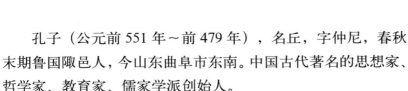

第五章
孔子提出"尽善尽美"

孔子（公元前551年～前479年），名丘，字仲尼，春秋末期鲁国陬邑人，今山东曲阜市东南。中国古代著名的思想家、哲学家、教育家、儒家学派创始人。

司马迁的《史记》为他作有《孔子世家》。司马迁说："天下君王至于贤人众矣，当时则荣，没则已焉。孔子布衣，传十余世，学者宗之。自天子王侯，中国言六艺者，折中于夫子，可谓至圣矣！"

按《史记》所记，孔子生年一般为鲁襄公二十二年。按《谷梁传》所记"十月庚子孔子圣矣"。

孔子的远祖是宋国贵族，殷王室的后裔。父亲名纥，字叔，又称叔梁纥，是一名以勇力著称的武士。叔梁纥先娶施氏，连生9个孩子，都是千金；再娶一妾，其妾生男，病足，复娶颜徵在，生孔子。盖其父以其乡之尼丘山为纪念，又孔子家中行二，故因之名孔丘，字仲尼。

孔丘父早丧，由其母抚养成人。因孤儿寡母不容于家族，孔子的幼年极为艰辛。他说过："吾少也贱，故

孔子像

公元前551年（鲁襄公二十二年），孔子生于鲁国陬邑昌平乡（今山东曲阜城东南）。因父母曾为生子而祷于尼丘山，故名丘，字仲尼。

多能鄙事。"年轻时曾做过"委吏"（管理仓廪）与"乘田"（管放牧牛羊）。

孔子儿时，从不做无聊的游戏，常常模仿大人演礼习仪，学习古法。《史记》说："孔子为儿嬉戏，设俎豆，陈礼容。"即指其事。虽然生活贫苦，孔子十五岁即"志于学"。曾说："三人行，必有吾师焉。择其善者而从之，其不善者而改之。"

孔子19岁娶宋人亓官氏之女为妻，一年后亓官氏生子，鲁昭公派人送鲤鱼表示祝贺，孔子感到十分荣幸，给儿子取名为鲤，字伯鱼。

他精通六艺，曾为官，却不得志。50岁后周游列国，宣扬其政治理想，却不得重用。其间广收学生，相传弟子先后有3000人，其中著名的有72人。教育上首倡有教无类及因材施教，首开私人讲学风气的先河，故后人尊为"万世师表"及"至

孔子讲学图 清
大约30岁时，孔子在曲阜城北设学舍，开始私人讲学，受业门人先后达到3000多，其中杰出者72人。下图表现了孔子在杏坛讲学的情景，图中孔子端坐讲授，弟子们在周围恭敬地聆听。

圣先师"，历代帝王更加封为"大成至圣文宣王"。

当时，鲁国内乱，孔子离鲁至齐。齐景公向孔子问政，孔子说："君君，臣臣，父父，子子。"又说："政在节财。"孔子在齐不得志，遂又返鲁。孔子不满当时鲁国政不在君而在大夫，"陪臣执国命"的状况，不愿出仕。孔子自述道："饭疏食饮水，曲肱而枕之，乐亦在其中矣。不义而富且贵，与我如浮云。"孔子带领门徒学生周游列国十多年，没有实现其政治抱负，但是，孔子63岁时，依然这样形容自己："其为人也，发愤忘食，乐以忘忧，不知老之将至云尔。"

孔子晚年"退而修诗书礼乐，弟子弥众"。编订了古代的文化典籍《诗》、《书》等几部书，还根据鲁国的历史材料编成《春秋》一书。南宋时，朱熹将《论语》以及《礼记》中的《大学》、《中庸》两篇与被称为"亚圣"的孟子的《孟子》一书合在一起撰写了《四书集注》，是谓四书。四书与《诗》、《书》、《礼》、《易》、《春秋》五部经典合称"四书五经"，是儒家学说之核心经典。

写给青少年的
美学故事

公元前479年，孔子卒，73岁，葬于鲁城北泗水之上。子曰："吾十有五而志于学，三十而立，四十而不惑，五十而知天命，六十而耳顺，七十而从心所欲，不逾矩。"这是孔子自己一生的总结。

孔子的美学思想就是来源于他的整个思想的核心——"仁"。孔子从多方面解释了"仁"。

颜渊问仁。子曰："克己复礼为仁。一日克己复礼，天下归仁焉。为仁由己，而由人乎哉？"颜渊曰："请问其目。"子曰："非礼勿视，非礼勿听，非礼勿言，非礼勿动。"

"天下归仁"是孔子的最高社会理想。孔子认为，如果人人都能克服私欲，实行礼制，则天下就都能达到"仁"的境界。"礼"即"周礼"。"周礼"是西周以来确定的一套典章、制度、规矩、仪节。做一个符合"仁"的原则的人，在视、听、言、动各个方面都要符合礼的规定。

个人修养方面的仁：子张问仁于孔子。孔子曰："能行五者于天下，为仁矣。"请益之，曰："恭、宽、信、敏、惠：恭则不侮，宽则得众，信则人任焉，敏则有功，惠则足以使人。"孔子认为，能实现恭、宽、信、敏、惠五种品德，就是实现了仁。具体说就是，庄重就不会受人侮辱，宽厚就得民心，诚信就会受人倚仗，勤敏就会工作效率高，慈惠就能够使唤人。

他说："为仁由己，而由人乎哉？"还有："仁远乎哉？我欲仁，斯仁致矣。"仁离我们很远吗？孔子最称道的个人品德莫过于"杀身成仁"，"志士仁人，无求生以害人，有杀身以成仁"。当生命和仁德不可能兼有时，宁可放弃生命，也要成全仁德。正如曾子所说："仁以为己任，不亦重乎？死而后已，不亦远乎？士不可以不弘毅，任重而道远。"①"志于道，据于德，依于仁，游于艺。"

《四书》书影

《五经》书影

孔子认为，一个人能否成为有仁德的人，关键在于个人是否能够努力提高修养。君子求诸己，小人求诸人。孔子关于仁德修养的要求：要你有仁德修养的愿望，又善于从近处着手，从小事做起，就可以达到至仁的目标，因此，孔子称道颜回："贤哉回也。一箪食，一瓢饮，在陋巷，人不堪其忧，回也不改其乐。

① 《诸子集成》，中华书局 1986 年版。

"志于道，据于德，依于仁，游于艺。"

——孔子

贤哉回也！"

　　"仁"指人与人的关系。"仁者爱人"就是这种关系的体现。所谓"爱人"，在消极方面要"己所不欲，勿施于人"，在积极方面要"己欲立而立人，己欲达而达人"。孔子曾对曾参说："吾道一以贯之"，认为自己的学说有一个贯穿始终的基本观念。据曾参的解释，"夫子之道，忠恕而已矣"。所谓"忠"，指尽己之力以为人，所谓"恕"，指推己之心以及人。

　　孔子的美学思想是以伦理道德为基础的。"仁"是孔子美学的基础和灵魂。

　　孔子认为："里仁为美。"以"仁"为邻，才是美。从"里仁为美"的定义出发，孔子进一步提出了自己的美育理想："尽善尽美"。"尽善尽美"是孔子的审美理想。孔子认为美与德、善是一致的，是密切联系不可分割的。《论语·八佾》云："子谓《韶》，尽美矣，又尽善也。谓《武》，尽美矣，未尽善也。"孔子在此所说的"善"是以"仁"为内涵的。《韶》与《武》是两首古曲。美是形式，善是内容。

写给青少年的
美学故事

　　《论语》说：子在齐闻《韶》，三月不知肉味，曰："不图为乐之至于斯也。"他认为，《韶》乐是尽善尽美，达到了美与善的高度统一。《韶》乐是"美舜自以德禅于尧；又尽善，谓太平也。"《武》乐是"美武王以此功定天下；未尽善，谓未致太平也。"即舜以德禅让而得天下，并且达到了"太平"，这是儒家理想的太平盛世，所以说是"尽善"，反映在《韶》乐上就达到了美善的高度统一；武王伐纣，以征诛得天下，并且武王没有达到"太平"，所以《武》乐在"善"的方面比《韶》乐稍逊一筹，未达到"尽善"。

　　孔子在鉴赏自然美的方面，往往以君子的道德品质来比喻，就是所谓的"君子比德"。

　　《大戴礼·劝学》记载着一则子贡与孔子赞美水的对话，子贡曰："君子见大川必观何也？"孔子曰："夫水者，君子比德焉。偏与之而无私，

"知之者不如好之者，好之者不如乐之者。"

——孔子

似德；所及者生，所不及者死，似仁；其流行卑下，倨勾皆循其理，似义；其赴百仞之溪不疑，似勇；浅者流行，深渊不测，似智；弱约危通，似察；受恶不让，似贞；苞裹不清以入，鲜洁以出，似善化；主量必平，似正；盈不求概，似厉；折必以东西，似意。是以见大川必观焉。"这里以"似德"、"似仁"等都是用"君子"的道德品质来相比。自然事物被比拟为"君子"的道德品质，使其人格化。

孔子说："智者乐水，仁者乐山。智者动，仁者静。智者乐，仁者寿。"再如："君子之德风，小人之德草，草上之风，必偃。"又如："岁寒，然后知松柏之后凋也。"这里说水的活泼流动类智者，君子之德类风，松柏傲霜类人的坚强不屈，都是这种比德的审美观点。孔子说："夫玉者，君子比德也。"

"仁"也是孔子评价礼、欣赏乐的一个重要审美标准。孔子讲："人而不仁如礼何？人而不仁如乐何？""礼云礼云，玉帛云乎哉，乐云乐云，钟鼓云乎哉。"这是说，如果没有"仁"的内在情感，再清越热喧的钟鼓，再温润绚丽的玉帛也是无价值的。孔子所谓的理想社会应该是："莫春者，春服既成，冠者五六人，童子六七人，浴乎沂，风乎舞雩，泳而归。"

"中庸之道"是礼和乐所根据的原则，也是欣赏事物美不美的一个标准。

孔子所谓中庸，意即适中，适度，中平，中常，核心思想是"无过、不及"。是君子修"仁"的尺度。子曰："师也过，商也不及。"曰："然则师愈与？"子曰："过犹不及。"

孔子的中庸，其"中"强调的是凡事要掌握恰当的分寸，其"庸"强调的是凡事要甘于平淡无奇。朱熹说："中、庸只是一个道理，以其不偏不倚，故谓之中；以其不差异可常行，故谓之庸。"二程说："不偏之谓中，不易之谓庸。中者，天下之正道；庸者，天下之定理。"

《中庸》说："喜怒哀乐之未发谓之中，发而皆中节谓之和。中也者，天下之大本也；和也者，天下之达道也。致中和，天地位焉，万物育焉。""和"是先秦极为重要的概念，其中心义是"和谐"。

"中和之美"构成了孔子的审美准则，"《关雎》乐而不淫，哀而不伤"。乐而不至于淫，哀而不至于伤，这就达到了"中和"。孔子说哀乐都不可太过。孔子又说："放郑声，远佞人。郑声淫，佞人殆。"孔子的"放"就是禁绝"郑声"，理由是"郑声淫"。"淫"这里兼有过分和淫靡之义，有"过于花哨"，"靡靡之音"的意味。

孔子说，质胜文则野，文胜质则史。文质彬彬，然后君子。质就是实质，指事物的本质。文就是文采，华饰。文与质的关系就是内容和形式的关系。孔子主张"文质彬彬"，他既不赞成"质胜文"，也不主张"文胜质。"

孔子提倡礼乐之治。他说："兴

先师手植桧
相传为孔子手植，多次死而复生，它的枯荣也被认为是孔子之道及孔氏家族兴衰的征兆。

朱熹像

字元晦，又字仲晦，号晦庵，别称紫阳，徽州婺源（今属江西）人，南宋诗人、哲学家。宋代理学的集大成者，继承了北宋程颢、程颐的理学，完成了客观唯心主义的体系。认为理是世界的本质，"理在先，气在后"，提出"存天理，灭人欲"。

于诗，立于礼，成于乐。"

诗可以鼓舞人的志气，使人感发兴起，这叫"兴于诗"。礼仪使人能在社会上站得住，这叫"立于礼"。所谓"成于乐"，"乐以治性，故能成性，成性亦修身也。"就是说乐是"诗"、"礼"的统一。孔子的美学核心思想就是要达到美和善的统一。

《论语·阳货》有这样一段话："子曰：小子何莫学乎诗？诗，可以兴，可以观，可以群，可以怨。迩之事父，远之事君；多识于鸟兽草木之名。""诗"泛指一切艺术。孔子对诗的作用的分析，实际上可以概括为对一切艺术作用的分析。

根据朱熹等人的注释，诗，可以兴，所谓"兴"，即"引譬连类"和"感发志意"的意思。"譬"即"譬喻"，"类"指的是社会的伦理道德原则，其核心是"仁"。就是使人感发兴起，即兴起、激励人的意志。

所谓"观"，是"观风俗之盛衰"，是"考见得失"，观察出各国风俗上的和政治上的得失。

"诗可以群"。诗歌可以使感情和谐。孔子主张"群"是人区别于动物的本质特征，所谓"君子群而不党"。"群居相切磋"，在社会生活中，通过诗（艺术）的相互交流使群体更趋和谐。

"诗可以怨"是指对上者的不满，发泄出来写成讽刺的诗，孔子要求：怨，即"刺上政"，但应该"怨而不怒"，要"止于礼"。

由孔子所起始的儒家思想，对随后的中国社会各个方面所产生的影响是任何其他学说所无法比拟的。

第二编
古罗马、中世纪美学与中国中古美学

　　古罗马美学思想是对古希腊美学思想的继承和发展，中世纪美学思想则在古罗马美学的理论基础上，将美学和神学结合起来，从中可看到宗教对美学的影响；同一时期的中国处于中古时代，魏晋美学和宋代"诗画同一"的学说是中国这一时期有代表性的美学思想。

第一章
《诗艺》与《论崇高》

　　贺拉斯（Quintus Horatius Flaccus 公元前 65 年～公元前 8 年）是古罗马的诗人和评论家。贺拉斯的父亲原来是奴隶，但是在贺拉斯出生以前获得了自由，他意志坚定，宁愿自己忍受生活的痛苦，让贺拉斯去读书，使得贺拉斯在罗马受到了当时最好的教育，不仅获得知识上的训练，而且在品德上也得到了砥砺。18 岁那年，贺拉斯到雅典求学，在柏拉图学园所在地阿卡德美的园林中寻求真理，专修希腊语言文学和希腊哲学。

　　公元前 44 年，贺拉斯参加了反抗恺撒的军队，最后战败而从战场上逃走。他趁奥古斯都大赦之机回到了罗马。但是，他在国内的财产都被没收了。从此，他从战场走向了诗坛。

贺拉斯曾参加了反抗恺撒的军队，但他真正的事业不是战场，而是文艺理论和美学方面。

他的诗歌气势雄伟，流行于当时的诗坛，受到当时罗马的著名诗人维吉尔和瓦利乌斯的赏识，介绍给奥古斯都的主要政治顾问麦克那斯。当贺拉斯的《讽刺诗集》出版不久，麦克那斯赠给贺拉斯一所庄园。从此后，贺拉斯就作为麦克那斯庇护的文学团体的一名成员，安度宁静安逸的田园生活，生活优裕起来的他就和维吉尔、李维一样，用自己的作品来歌颂那个时代，成为当政者的歌手，一个"匍匐在奥古斯都跟前的正直的人"。

在公元前 20 年左右，贺拉斯就成为当时罗马帝国最伟大的诗人了。

公元前 1 世纪的缠丝玛瑙杯　古罗马

为诗人们制订的法典

在古罗马由于受亚历山大里亚的影响，开始出现了长久统治西方的崇拜古典的风气。罗马人把古希腊人的成就看作是不可逾越的高峰。希腊人强调艺术是模仿自然，罗马人也接受了这个现实主义的基本原则，强调模仿希腊人。但是，不免有"取法乎上，仅得其中"之嫌。

另一方面，古罗马帝国无比庞大，由于现实需要的影响，最艰巨的任务是维持统一的政权。这就迫使他们从事军事、交通、水利、建筑之类的实际工作。他们没有余力，也没有需要，在哲学和文艺方面独自开辟一个新天地。因为罗马帝国和古希腊一样，几乎同样的社会成分构成，顺理成章地接受古希腊的古典遗产就能满足现实的需要了。

希腊文艺落到罗马人手里，文雅化了，精致化了，但是也肤浅化了，甚至于公式化了。但是，贺拉斯确是拉丁古典理想的奠基者，对文艺复兴和新古典主义时代起到深刻的影响。

罗马诗人大半都是从模仿希腊古典诗歌入手的。贺拉斯认为诗有教益和娱乐两种功能。他认为："诗人的目的在于给人以教益，或供人娱乐，或是把愉快的和有益的东西结合在一起。"

贺拉斯的最大贡献是《诗艺》。《诗艺》本是给罗马贵族皮索父子的一封论诗的诗体信。内容分成三个部分：第一部分泛论诗的题材、布局、风格、语言和音律以及其他技巧问题；第二部分讨论诗的种类，主要讲戏剧体诗，特别是悲剧；第三部分讨论诗人的天才和艺术以及批判和修改的重要性。[①]

《诗艺》对后来发生的最重大影响在于古典主义的建立，是它指出了古希腊文学是艺术的典范，从而奠定了古典主义美学理论的基础。贺拉斯说："神把天才，把完美的表达能力赐给了希腊人。"而诗人"用诗篇来传达神旨，给人指出生活的道路。"因此，贺拉斯语重心长地对皮索父子说："你们须勤学希腊典范，日夜不坠。"这句劝告也成为日后新古典主义运动中一个鲜明的口号。

那么，我们要向希腊人学习什么呢？贺拉斯认为，诗所必不可少的品质就是合式（decorum）或者说是得体。也就是说，一切都要做到恰如其分，叫人感到它的完美，没有什么不当之处。

在这里，我们看到贺拉斯和古希腊人一样，强调艺术对自然的模仿。这种模仿要抓住事物的本质，也就是要合式，强调整一性。既要有形式美，又要有思想美。形式的合式在于具有整一性；作品要符合合式，首先要求首尾一致，成为一个有机整体，这个提法在亚里士多德那里我们也看到了。

就贺拉斯的《诗艺》说来，概括起来，"合式"主要包括以下几个方面：

首先，一部作品应当是有机统一的整体；"不论做什么，至少要做到统一、一致"。

其次，性格描写要合式。性格的合式分两种情况，一是遵循传统（定型化），一是独创（类型化）。前者指选取传统题材时必须依照传统上已"定型"的性格，如必须把曹操描写成奸诈，黛玉是凄美；后者指选取现实题材时必须依照现实生活中人物的年龄、身世、身份、地位、职业和民族等类型特点去描写，并保持首尾一致。他说："如果你想观众静听终场，鼓掌叫好，你就必须根据每个年龄的特征，把随着年龄变化的性格写得妥帖得体……不要把老年人写成青年人，也不要把小孩子写成老年人。"

---

① 参见《朱光潜全集》第 6 卷，安徽教育出版社 1990 年版；《诗学、诗艺》，人民文学出版社 1982 年版。

第三，选择题材和语言表述要"合式"，即作者应当选择本人能够胜任和驾驭的题材，只有这样才能游刃有余，以便使文辞流畅、条理分明。这就要求精益求精，创造出完美的作品。正如他自己举例所说："如果画家作了这样一幅画像：上面是个美女的头，长在马颈上，四肢由各种动物的肢体拼凑起来的，四肢上覆盖着各色羽毛，下面长出了一条又黑又丑的鱼尾巴。朋友们，如果你们有缘看到这幅图画，能不捧腹大笑吗？""如果为了追求变化多彩而改动自然中本是融贯整一的题材，那就会像在树林里画条海豚，在海浪里画条野猪，令人感到不自然。"

第四，情节展开的方式要恰当。适合在舞台上演出的情节就在舞台上演出，将形象直接呈现在观众面前；否则，便不在舞台上演出，让演员在观众面前"叙述"。为了便于情节的展开，一出戏最好分五幕，剧情冲突应自然而然，尽量避免求助神力来收拾或结局，歌队"在幕与幕之间所唱的诗歌必须能够推动情节，并和情节配合得恰到好处"。

写给青少年的
美学故事

第五，诗格、韵律和字词句的安排要考究、要小心、要巧妙，绚烂的辞藻运用得要适得其所，家喻户晓的字句要翻出新意。在安排字句的时候要考究，要小心，如果你安排得巧妙，家喻户晓的字便会取得新意，表达就能尽善尽美。总之，表达当"尽善尽美"。

美学辞典

合式："合式"（decorum），又译"得体"、"妥帖"、"妥善性"、"工稳"、"适宜"、"恰当"、"恰到好处"等。"合式"的概念可以导源于苏格拉底对两种"和谐"的区分。第一种是一般而言的合适比例，这是抽象意义上的美，是客观的和谐；第二种才是针对一个具体对象及其特定功用而言的合适比例，这是具体的美的对象，是主观的和谐。第一种和谐写作 symmetria，即"对称"；第二种和谐写作 eurhythmia 即"优美"，意思是不合客观比例但能满足主体的需求。"合式"来自后者。贺拉斯的"合式"，主要是指艺术作品的各个部分要同整体构成"恰当"、"得体"的对应关系，以保持内在的秩序（internalorder）和结构的整一（organicunity）。"合式的原则"与"借鉴的原则"、"合理的原则"相并列，是贺拉斯所提出的"古典主义三原则"之一。

通过以上分析，我们看到，正如贺拉斯自己所说："向生活和习俗里去找真正的范本，并且从那里吸收忠实于生活的语言。"

《诗艺》对于西方文艺影响之大，仅次于亚里士多德的《诗学》，有时甚至是超过了它。因为他奠定了古典主义的理想，把古典主义作品中最好的品质和经验教训总结出来，用最简短而隽永的语言把他的总结铭刻在四百几十行的短诗里，替后来欧洲文艺指出一条调子虽不高却平易近人、通达可行的道路。[①]

《诗艺》正如贺拉斯自己所说："值得涂上松脂，放在柏木锦匣里珍藏起来。"

古罗马审美理想的最高体现——崇高

除《诗艺》以外，古罗马时代的文艺理论著作对后代影响最大的就是《论崇高》。朗吉努斯在《论崇高》中，第一次明确地将"崇高"作为一个审美范畴提出来，而且取代"美"为最高的范畴提出来。

公元 10 世纪，西方学者发现一本名为"Peri Hupsous"（希腊语原意是指高或者是上升至某种高度。）的古罗马著作抄本，内容是论崇高、雄伟的问题，于是把它译成"论崇高（On the Sublime）"。它叙述了与古希腊以来和谐、静穆的美完全不同的另一种美——崇高。这本书的作者就是朗吉努斯（Longinus）。

朗吉努斯（Cassius Longinus，公元 213 年～ 273 年）被称为自亚里士多德以来的最伟大的文艺批评家。出生在幼发拉底河西岸的帕尔米拉城。曾任帕尔米拉摄政王吉诺比亚的谏议大臣。公元 273 年，

> **美学辞典**
>
> **古典主义**：古典主义（classicism），在艺术中指以古希腊和罗马艺术为基础的历史传统或美学观点。古典主义用于说明美学观点时通常指与古代艺术相联系的一些特点，如和谐、明晰、严谨、普遍性和理想主义。严谨、雄伟、明晰、和谐、精细以及清晰的形式与崇高的内容的完全一致，这一切是古典主义的要素。古典主义强调形式和理性控制。

[①]参见《朱光潜全集》第 6 卷第 127 页，安徽教育出版社 1990 年版。

亚历山大的威武战马布斯法鲁斯的雕像，布斯法鲁斯曾带着主人安全地经历了数十次战役。这个战马雕像给人以崇高的审美体验。

古罗马消灭了帕尔米拉争取独立的民族运动。朗吉努斯被处死。

公元 1 世纪的罗马帝国，罗马文学已经走向衰退期。他慨叹道："当今这个时代固然颇有些天才，他们极有说服力和政治才能，聪明而又多能，尤其富于文学的感染力，可是为什么真正崇高的和极其伟大的天才，除了绝少的例外，如今却没有出现呢？举世茫茫，众生芸芸，唯独无伟大的文学。"

"天之生人，不是要我们做卑鄙下流的动物；它带我们到生活中来，到森罗万象的宇宙中来，仿佛引我们去参加盛会，要我们做造化万物的观光者，做追求荣誉的竞赛者，所以它一开始便在我们的心灵中植下一种不可抵抗的热情——对一切伟大的、比我们更神圣的事物的渴望。所以，对于人类的观照和思想所及的范围，整个宇宙也不够宽广，我们的思想也往往超过周围的界限。"

写给青少年的
美学故事

他说："在本能的指导下，我们决不会赞叹小小的溪流，哪怕它们是多么清澈而且有用，我们要赞叹尼罗河、多瑙河、莱茵河，甚或海洋。我们自己点燃的爝火虽然永远保持它明亮的光辉，我们却不会惊叹它甚于惊叹天上的星光，尽管它们常常是黯然无光的；我们也不会认为它比埃特纳火山口更值得赞叹，火山在爆发时从地底抛出巨石和整个山丘，有时候还流下大地所产生的净火的河流。关于这一切，我只需说，有用的和必需的东西在人看来并非难得，唯有非常的事物才往往引起我们的惊叹。"

在西方美学史上，崇高范畴的最早提出，是和文章的风格联系在一起的。塔塔凯维兹认为："崇高概念形成于古代修辞学……崇高风格被认为是三种修辞风格中最高级的一种。"

朗吉努斯所讲的"崇高"，其含义比近代以来的崇高概念更为广泛，

"崇高的风格是一颗伟大心灵的回声。"

——朗吉努斯

其中包括"伟大"、"庄严"、"雄伟"、"壮丽"、"尊严"、"高雅"、"古雅"、"遒劲"、"风雅"等。基本来看，朗吉努斯所认为的崇高风格应该具有以下特征：高雅、深沉、不同凡响的意味，激昂、磅礴、如火如荼的热情，旷达、豪放、宛若浩海的气概，刚劲、雄健、炮击弩发的劲势，以及高超、绝妙、光芒四射的文采。他反对的是因标新立异而产生的浮夸、幼稚、矫情，具体包括：无病呻吟、言不由衷的"浮夸"，琐碎无聊、想入非非的"幼稚"，误用感情、矫揉造作的"矫情"。

总之，朗吉努斯认为，真正的崇高的风格能使人充满昂扬、豪迈、豁达、振奋之情，崇高的风格是文艺作品之所以经久不衰的内在特质。

朗吉努斯认为崇高风格有五个真正的源泉，它们是："第一而且首要的是能作庄严伟大的思想。第二是具有慷慨激昂的热情。这两个崇高因素主要是依赖天赋的。其余三者则来自技巧。第三是构想辞格的藻饰，藻饰有两种：思想的藻饰和语言的藻饰。此外，是使用高雅的措辞，这又可以分为用词的选择，像喻的词采和声喻的词采。第五个崇高因素包括上述四者，就是尊严和高雅的结构。"首要的是要有庄严伟大的思想。"一个崇高的思想，在恰到好处时出现，便宛若电光一闪，照彻长空，显出雄辩家的全部威力。"

朗吉努斯直接指出："崇高的风格是一颗伟大心灵的回声。"他指出："一个真正的演讲家绝不应有卑鄙龌龊的心灵。因为，一个终生墨守着狭隘的、奴从的思想和习惯的人，绝不可能说出令人击节称赏和永垂不朽的言辞。是的，雄伟的风格乃是重大的思想之自然结果，崇高的谈吐往往出自胸襟旷达志气远大的人。"这种伟大的心灵的首要决定因素是"庄严伟大的思想"。这种崇高的思想是一种天才或灵感，它"较之其余的因素更为重要"。

《论崇高》主张和天才相联系的是"慷慨激昂的热情"。"崇高的意境和热烈的感情对于预防辞格引起怀疑大有帮助，妙不可言。""热情而且崇高的话更接近我们的心灵"。他说："文章，它既是语言的谐律，而这种语言是天赋予人的，不但能达到人的耳朵，而且能打动人的心灵，激发了各式各样的辞藻、思想、行为、美饰、曲调，这一切都是我们生而具有的或培养而成的。同时，凭借其声音的混合与变化，把说者的感情灌输到旁听者的心中，引起听众的同感，而且凭借词句的组织，建立起了一个雄伟的结构——凭借这些方法，它不仅能把我们迷住，往往立刻驱使我们向往于一切壮丽的、尊严的、崇高的事物和它们所包罗的万象，从而完全支配着我们的心情吗？"只有作者自身具备了慷慨激昂的感情，通过一定的作品的形式传达出来，这样就能引起欣赏者的情感，因为这是以情动人，使听众着迷其中，共同引向对壮丽、尊严、崇高事物的向往。他否定了那种卑微的和崇高相悖的热情，如怜悯、烦恼、恐惧等，这些感情在崇高的风格里是不需要的，所以，他特别推崇"恰到好处的真情"。"我大胆地说：有助于风格之雄浑者，莫过于恰到好处

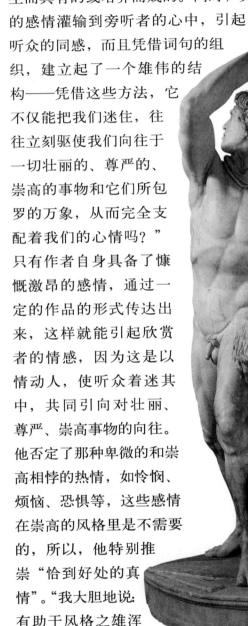

罗马的强劲对手——一位高卢人在杀死妻子后，宁可自杀也不愿向敌人投降。雕像表现了一种刚健、悲壮的崇高风格。

写给青少年的
美学故事

的真情。它仿佛呼出迷狂的气息和神圣的灵感，而感发了你的语言。"

朗吉努斯认为，思想和激情"这两个崇高因素是依赖天赋的"。"而崇高，哪怕不是始终一贯，则有赖于崇高天才"。他所说的这种慷慨激昂的热情是一种崇高的、豪迈的激情，只有依赖于天才才能产生这种感染人的激情。"崇高的风格，可以说，有五个真正的源泉，而天赋的文艺才能仿佛是这五者的共同基础，没有它就一事无成"。"崇高的天才，较其余的因素更为重要"。

"天才不仅在于能说服听众，且亦在于使人心荡神驰。凡是使人惊叹的篇章总是有感染力的，往往胜于说服和动听。因为信与不信，天才不仅在于能说服听众，且亦在于使人心荡神驰。凡是使人惊叹的篇章总是有感染力的，往往胜于说服和动听。因为信与不信，权在于我，而此等篇章却有不可抗拒的魅力，能征服听众的心灵。"他认为只有天才的崇高风格才能达到这个境界。

除了思想和热情之外，崇高的形成，还要借助于藻饰、措辞和结构。这些是技巧的因素。

圣罗伦左教堂附属小教堂，佛罗伦萨建筑，其宏伟的结构使观者产生一种庄严、肃穆之情。

"辞格乃是是崇高风格的自然盟友，反过来又从这个盟友取得惊人的助力。""选择恰当和壮丽的辞藻可以有惊人的效果，既能吸引又能感染听众，而这时所有雄辩家和散文家的主要目的，因为它本身能使风格雄浑、绚丽、古雅、庄严、劲健、有力，授给它一种魅力，有若最美的铜像上的古色古香，仿佛赋予这些作品一颗能解语的心灵……真心，华丽的辞藻就是思想的光辉。"但是"辞藻的雄伟不是在任何场合都合适的：一个琐屑的问题用富丽堂皇的辞藻来装饰，不啻给幼稚的小孩带上悲剧的面具。"朗吉努斯强调，修辞技巧最主要的就是"自然"。他指出："技巧唯有在似乎是自然时才臻于完美，而自然唯有在含有不露痕迹的技巧时才得到成功。"

至于结构，他说："在使文章达到崇高的诸因素中，最主要的因素莫如各部分彼此配合的结构。正如在人体，没有一个部分可以离开其他部分而独自有其价值的。同样，假如雄伟的成分彼此分离，各散东西，崇高感也就烟消云散了。""在一切事物里总有某些成分是他本质所固有的，所以，在我们看来，崇高的原因之一在于能够选择最适当的本质成分，而使之组成一个有机的整体。"

写给青少年的
美学故事

朗吉努斯的《论崇高》是西方美学发展史上的一部很重要的论著。它在古希腊罗马和文艺复兴美学之间，起到了承前启后的作用。

《论崇高》直到 1674 年由法国新古典主义者布瓦洛翻译出版以后才引起人们的高度重视，成为美学家和文艺家们案头必备之书。"朗吉努斯的所谓'崇高'，不是演说家的所谓'崇高修辞'，他指的是文章中的异常成分，奇特成分，惊人成分，能使一篇文章高昂、沉迷、感化。崇高的'风格'需要高贵的语言；但崇高本身，则可能存在于单一的思想，一个语象，一个语片……宇宙万物主宰以一句话创造了光明；这就是崇高的'风格'。上帝说：要有光就有了光。这是出奇的表达……这是真正的崇高，它本身就有些神性。"（布瓦洛）

"《论崇高》同亚里士多德的《诗学》一起奠定了把文学艺术看作是人的精神和审美活动的结果这种看法的基础。"《论崇高》之所以在湮没千年后，"成了新古典主义者的圣经"，就因为它在当时的古典主义艺术的土壤中，播下了浪漫主义的种子。

第二章
魏晋美学

《老子》书影

谈起我国魏晋美学，必须要先探讨魏晋玄学。

玄学是魏晋时期以老庄思想为骨架，糅合儒家经义以代替烦琐的两汉经学的一种哲学思潮。玄学的名称最早见于《晋书·陆云传》，谓"云（陆云）本无玄学，自此谈老殊进"。魏晋之际，玄学一词并未广泛流行，其含义是指立言与行事两个方面，并多以立言玄妙，行事雅远为玄远旷达。

"三玄"是魏晋玄学家最喜谈论的著作。《老子》、《庄子》、《周易》三本著作时称"三玄"。他们以为天地万物皆以无为本。"无"是世界的本体，"有"为各种具体的存在物，是本体"无"的表现。

魏晋的士大夫们寄托心神于老庄，显示超脱世俗的姿态，既能辩护世家大族放达生活的合理性，又能博得"高逸"的赞誉，所以玄学在短时间内蔚然成风。当时的玄学家又大多是名士。他们以出身门第，容貌仪止和虚无玄远的"清谈"相标榜，成为一时风气，即所谓"玄风"。

玄学的思想基础是以老庄为代表的道家思想，"这是由于道家思想对人世黑暗和人生痛苦的愤激批判，以及对超越这种黑暗和痛苦的个体自由（尽管是单纯精神上的自由）的追求，正好符合亲身经历并体验到儒家思想的虚幻和破灭的门阀士族的心理。他们从名教的束缚中解脱出来，有了一定的人身自由时，愈是感到人生的无常就愈想抓住或延长这短

①李泽厚，刘纲纪主编：《中国美学史》第2卷第103页，安徽文艺出版社1988年版。

暂的人生。"[①]

"魏晋时代'一般思想'的中心问题为:'理想的圣人之人格究竟应该怎样?'因此有（自然）与（名教）之辨。"名教指以正名分、定尊卑为主要内容的封建礼教和道德规范。自然，主要指天道自然，认为天是自然之

老庄像
魏晋玄学以老庄道家思想为基础，那个时代士族知识分子标榜超脱玄远，极为推崇老庄的学说。画中表现了"庄生逍遥游，老子守元默"的情形。

天，天地的运转，万物的生化，都是自然而然，自己如此的。名教和自然观念产生于先秦。孔子主张正名，强调礼治；老子主张天道自然，提倡无为。孔子、老子被后世看作"贵名教"与"明自然"的宗师。魏晋玄学的"名教与自然之辨"，主要倾向是齐一儒道，调和名教与自然的矛盾。[①]

魏晋玄学的实质正如汤用彤所言："已不拘泥于宇宙运行之外用，进而论天地万物之本体。汉代寓天道于物理，魏晋黜天道而究本体，以寡御众，而归于极；忘象得意而游于物外，于是脱离汉代宇宙之论，而留连于存存本本之真。"

如果说，先秦诸子百家争鸣的时期是中国美学史上的第一个黄金时代，那么，魏晋南北朝时期就可以说是中国美学史上的第二个黄金时代。[②]

魏晋玄学是魏晋南北朝美学和艺术的灵魂。魏晋南北朝艺术追求"简约、玄澹，超然绝俗"的哲学美是受魏晋玄学的影响，产生了一

写给青少年的
美学故事

①汤用彤著：《魏晋玄学论稿》第122页，上海古籍出版社1988年版。
②叶朗著：《中国美学史大纲》第184页，上海人民出版社1985年版。

些著名的美学命题：得意忘象、传神写照、澄怀味象、气韵生动和声无哀乐。

得意忘象

　　"得意忘象"是王弼提出的一个命题，这是一个哲学命题，也是一个美学命题，在文学史和艺术史上影响很大。[①]

　　王弼，字辅嗣。王弼十多岁时，即"好老氏，通辩能言"。他为人高傲，"颇以所长笑人，故时为士君子所疾"。魏正始十年（公元249年）秋，遭疠疾亡，年仅24岁。

王弼像

王弼，山阳（河南焦作）人。

　　王弼提出以无为本，以有为末，举本统末的贵无论。王弼在他的《周易略例·明象》中，研究了言、象、意三者的关系。言、象、意是《周易》求卦的术语。言，指卦辞，代表语言；象，指卦象，代表物象；象则是有名有形的"有"。意，指一卦的义理，代表事物的规律。意实际上是寂然无体，不可为象的"道"，就是"无"。王弼认为，语言是表达物象的，物象是包涵义理的；但语言不等于物象，物象不等于义理，所以要得到物象应该抛弃语言，要得到义理应该抛弃物象。

　　王弼认为："意以象尽，象以言著，故言者可以明象，得象而忘言，象者可以存意，得意而忘象。""象者，所以存意，得意而忘象。犹蹄者所以在兔，得兔而忘蹄；筌者所以在鱼，得鱼而忘筌也。然则言者，象之蹄也；象者，意之筌也。""若忘筌取鱼，始可与言道矣。"

　　王弼提出了"寻言以观象"、"寻象以观意"、"得象而忘言"、"得意而忘象"的解《易》方法，特别强调"得意"的重要，认为："存象者，非得意者也"，"忘象者，乃得意者也"。他认为，作为万物之本的"无"，无言无象，如果只停留在言象上，不可能达到对"无"的认识和把握。王弼认为，"无"不能自明，必须通过天地万物才能了解，也就是"意以象尽"，"寻象以观意"的意思。而所以能以象观意，那是因为"有

_____

①叶朗著：《中国美学史大纲》第190页，上海人民出版社1985年版。

生于无"，"象生于意"。因此，从"以无为本"的理论讲，必然得出"忘象得意"的结论，也必须运用"忘象以求其意"的方法去把握无。"得意忘象"的方法对中国古代诗歌、绘画、书法等艺术理论也有极大影响。[①]

从感官之"知"到意象之"知"，再到"圣人体无"之"知"，王弼对三种"知"的不同态度对于其后的中国哲学和中国美学均具有重要而深远之影响，通过体验来把握一种"大全"式的无限本体既是中国哲学，也是中国美学的一个基本思想。王弼玄学所追求的总体性和谐即理想境界："这是玄学在那个苦难的时代为人们所点燃的一盏理想之光，集中体现了时代精神的精华。"[②]

"玄学与美学的连接点在于超越有限去追求无限，因为玄学讨论的'有'、'无'……是超越有限而达到无限——自由……由于超越有限而达到无限是玄学的根本，同时对无限的达到又是诉之于人生的体验，这就使玄学与美学内在地联结到一起。"[③]

宗白华先生说："中国人不是像浮士德追求着'无限'，乃是在一丘一壑，一花一鸟中发现了无限。所以他们的态度是悠然意远而又怡然自足的。他是超脱的，但又不是出世的。"中国艺术体现了中国传统的整体把握世界的特殊思维方式。

写给青少年的
美学故事

传神写照

"传神写照"是中国古代美术的重要美学命题，是顾恺之就绘画而言提出的一个命题。画史上最早运用"传神"评价美术现象的，是

美学辞典

人物品藻作为一种文化现象，在我国起源甚早，而在东汉、三国之际，尤为风行。通俗地讲，人物品藻就是人物评论。其最基本的价值取向，乃是以人为着眼点，进行由表及里、由外及内，从现象到本质、从具体到抽象的观察与评价；换言之，就是对人进行从形骨到神明的审美批评和道德判断。这种文化现象，与当时的历史背景、社会思潮以及审美观念等等，均有千丝万缕的联系。

---

①任继愈著：《中国哲学发展史》魏晋南北朝卷第 224 页，人民出版社 1988 年版。
②李泽厚，刘纲纪主编：《中国美学史》第 2 卷第 109 页，安徽文艺出版社 1988 年版。
③宗白华著：《美学散步》第 125 页，人民出版社 1981 年版。

东晋画家顾恺之，他是我国美术史上的一座里程碑。

顾恺之（约公元 345 年～406 年）字长康，小字虎头，晋陵无锡人。他出身于士族家庭。一生主要从事绘画创作，是个博学而有才气的艺术家。被时人称为有"三绝"："才绝"，多才多艺，才华出众。擅长诗歌文赋，有很深的文学、音乐修养；被人戏称为"痴绝"，他性情诙谐，行为乖张，大智若愚。《晋书》记载："恺之好谐谑，人多爱狎之。"古语曰"艺痴者技必良"；顾恺之也被人誉之为"画绝"，谢安曾惊叹他的艺术是"苍生以来未之有也"，他的人物画能够深刻而细腻地表现对象的内心世界。前人记载有他为邻居少女画像，当用针刺画像的胸口时，邻居少女立即有疼痛之感的传说。

据说，他在金陵瓦棺寺绘制了一幅维摩诘像，当时在修建瓦棺寺时，寺僧们请当时的上流阶级贵族来捐资布施修建这个寺庙，而这些贵族所捐的钱没有一个超过十万的，唯独顾恺之提笔就写了百万钱。当时虽然他已经当上了桓温的司马参军，但并不富有。

顾恺之像

顾恺之，中国画史第一人，"六朝三杰"之一，我国东晋时代最伟大的画家。

这些和尚都以为他写错了，就让他划去重写。可是顾恺之并没有这样做，只是让他们在寺中为他留出一面墙壁，然后用了一个月的时间在这面墙上画了一幅维摩诘像。当最后要画眼睛的时候，他请和尚把寺门打开让人参观，同时他提出了一个要求。他说，第一天来看的人要施舍十万钱，第二天来看的要施舍五万，第三天来看的可以随便。据说开门的那一刻，整个寺庙都笼罩在一片灵光之中，前来观看的是人山人海，络绎不绝，顷刻之间就捐齐了这百万巨款。这幅画到底为什么能够造成这么大的轰动呢？据说是他把维

《洛神赋图》（局部）

此图取材于魏国曹植名篇《洛神赋》，表现作者由京师返回封地的途中与洛水女神相遇而产生爱恋的故事。全图采用长卷形式，分段描绘赋中的情节：开始是曹植在洛水边歇息，女神凌波而来，轻盈流动，欲行又止；接下来表现女神在空中、山间舒袖歌舞，曹植相观相送；最后女神乘风而去，曹植满怀惆怅地上路。各段之间用树石分隔，并以舟车无情地飞驶离去反衬人物的依依不舍之情，极为传神。

摩诘居士的病容和在病中与人交谈时的特殊神情刻画得惟妙惟肖，就连四百年之后的大诗人杜甫见了这幅画稿之后也惊叹说："虎头金粟影，神妙独难忘。"①

　　他画人物，常常是人画好而不点眼睛，有时几年都不画眼睛。有一次，他为人画一个扇面，画的是嵇康与阮籍，没有画眼睛就送给了主人，主人问："怎么不点眼睛？"他幽默地回答道："哪能点睛，点睛不就会说话了吗？"眼睛是人心灵的窗口，正因为眼睛是传神的关键部位，他才数年不点睛，不然的话就可能会功亏一篑。他说："与点睛之节，上下，大小，浓薄，有一毫小失，则神气与之俱变矣。"

　　《世说新语·巧艺》载："顾长康画人，或数年不点目睛，人问其故，顾曰：'四体妍蚩，本无关妙处，传神写照正在阿睹中。'"顾恺之认为绘画之所以能表现出人的神情，关键之处正在于对眼睛的刻画和描绘，而"四体妍蚩"对于表现人物的精神风貌就没有这么重要了。绘画的目的是要"传神"，即表现出人物最本质的精神和性格特征。这就是"传神写照"说的本义。

　　"传神写照"之"神"与"照"本身是佛学术语，顾氏加以沿用

写给青少年的美学故事

---

①李凡：《顾恺之简论》，载《聊城师范学院学报》2001年第3期。

女史箴图 卷
顾恺之 东晋

此图表现的是西晋张华《女史箴》中的内容，采用一图一文的形式，人物描绘流畅细致，造型准确，神情生动。画中女子姿态从容，秀逸典雅，显示出贵族女子的特点。画风古朴，运笔缜密，赋色细腻和谐，体现了当时"以形传神"的思想。

和改造为自己的理论术语。对顾恺之传神论有两种解释：顾恺之主张"以形写神"，重神但不轻形，认为神似须由形似达到。"写质"可与"传神"并举，也是"写照"之意；第二种观点认为顾恺之是重神而轻形论者，"以形写神"不是作为独立的肯定命题而是作为否定命题的一部分提出的，"以形写神"与"传神写照"同义，都是要求形态的描绘为传达表现人物精神风貌服务。写形是手段，传神才是目的。[①]

传神论是受了汉末魏初名家论"言意之辨"和魏晋玄学的影响。"魏晋玄学盛行的结果，引起了中国艺术精神的普遍自觉。"[②]魏晋时代人的精神是最哲学的，因为是最解放的、最自由的。

顾恺之说："凡画，人最难，次山水，次狗马，台榭一定器耳，难成而易好，不待迁想妙得也。""迁想"在佛学中是指一种能超越具象的想象，它来自于神秘的神明感通作用，以及说"四体妍蚩本无关妙处"，都是强调传神很难，画之妙不在形体而在内在精神气质，这显然是由"得意忘言"变化而来的。宋代苏轼说："传神之难在于目。"人物画中神是至关重要的。顾恺之生活的东晋时代正是玄学兴盛之际，顾氏所强调的"传神"即是玄学情调的一种反映。

顾恺之的传神论是人物画创作实践的理论总结。所谓形神，当时都是针对画人物而提出的。直到唐代，传神论也还

①李泽厚，刘纲纪主编：《中国美学史》第 2 卷，安徽文艺出版社 1988 年版。
②徐复观著，《中国艺术精神》第 418 页，春风文艺出版社 1987 年版。

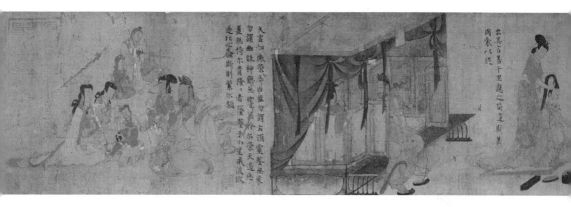

是主要作为人物画的审美标准被运用的。五代以后山水、花鸟画大盛，抒情寄意作为突出的美学命题被提出来，由是自宋以后，写意论成为更流行的审美准则，传神论一方面由人物画扩大到山水、花鸟领域，另一方面又有所凝缩——"传神"一词渐渐成了肖像画体裁的专用语。

顾恺之的"传神论"美学思想对中国美术艺术的发展产生了深远的影响，后代常常把"传神"作为绘画艺术的最高目标和境界。

澄怀味象

"澄怀味象"是在东晋南朝之际，宗炳在《画山水序》中提出的。在中国绘画美学思想史上，宗炳率先把老庄之道和山水画艺术联系在一起。"老庄精神浸入中国绘画领域，在理论上：宗炳发其宗，后人弘其迹。"①

宗炳在《画山水序》中"澄怀味象"的美学思想，改变了以往关于山水"无生动之可拟，无气韵之可侔"的观点，积极倡导表现山水内在的气韵之美。

宗炳是中国山水画论的主要开拓者。宗炳（公元375年～443年），字少文，南阳涅阳（今河南镇平县南）人。祖上做官，年少好出游，后在庐山出家为僧，晚年入道。其一生"好山水，爱远游，善琴书"，"每游山水，往辄忘归"。后因年老体弱多病，回到江陵故居，"宗炳因病从衡山返回江陵，叹曰：'噫！老、病俱至，名山恐难遍游，

"美是自然的一种作品。" ——塔索

---

①陈传席著，《中国绘画美学史》，人民美术出版社2000年版。

唯当澄怀观道，卧以游之。'凡所游历，皆图于壁，坐卧向之。"于是，便把山水画悬在墙上，卧在床上观赏，谓之"卧游"。谓人曰："抚琴动操，欲令众山皆响。"年六十九，尝自为《画山水序》。

慧远像
宗炳的思想深受慧远的影响，也是一个"神不灭论"者。

宗炳绝意仕途，是个地道的隐士。宗炳曾师从名僧慧远大师："入庐山，就释慧远考寻文义。"世号"宗居士"。宗炳是一个执着的"神不灭"论者，《明佛论》（又名《神不灭论》）为宗炳佛学思想的代表作。他盛赞佛教，大力阐扬"神不灭"。宗炳说："佛国之伟，精神不灭，人可成佛，心作万有，诸法皆空，宿缘绵邈，亿劫乃报乎？"关于形神关系，宗炳是明确反对"形生则神生，形死则神死"的"神灭"论的。他说："神也者，妙万物而为言矣。"

宗炳不仅笃情佛教，而且也尊儒家、道家。宗炳对玄学有相当的修养，《宋书》说"精于言理"。"若老子，庄周之道，松乔列真之术，信可以洗心养身。"宗炳《明佛论》云："孔、老、如来，虽三训殊路，而善共辙也。"

中国山水画产生于晋宋之际。这时的山水画论，一方面受到魏晋玄学崇庄老、尚自然的影响，在当时，纵情山水成为名士们的一种好尚，也是做名士需要有的一种素养。隐逸的行为已成为时代的特征，士人以隐逸为清高，以山林为乐土，其结果便是"山水有清音"的发现。另一方面也受到了山水诗创作的启发。"专一丘之欢，擅一壑之美"，以玄对山水，以超世俗、超功利的形态走向了山林自然，在赏心悦目，适性快意之际，意识到山水美的客观存在，从而形成山水审美意识的自觉性，也正是山水审美意识的自觉性推动了山水画的产生。

宗炳的《画山水序》与王微的《叙画》是反映这一时期山

"高韵深情，坚质浩气，缺一不可为书。"——刘熙载

水画理论成就的两篇重要著作。宗炳的《画山水序》是一篇富于哲理性的完整的山水画论。"宗炳绘画艺术的一般特征——重视精神和理性，是最早奠定基础，确定方向的，它是中国山水画艺术的起点和基础。"[1]

《画山水序》中首先提出"澄怀味象"的命题："圣人含道映物，贤者澄怀味象。至于山水，质有而趣灵，是以轩辕、尧、孔、广成、大隗、许由、孤竹之流，必有崆峒、具茨、藐姑、箕、首、大蒙之游焉。又称仁智之乐焉。夫圣人以神法道，而贤者通；山水以形媚道，而仁者乐。不亦几乎？"

要体验山水之神，主体方面必须"澄怀"。所谓"澄怀"就是要求审美主体在审美过程中，排除外物的纷扰，尤其是功利关系的眩惑，进入一种超世间、超功利的直觉状态，而保持虚静空明的心胸以应外物。澄为动词，即澄清；怀为心灵，即思维。"澄怀"即澄清心灵与思维。"澄怀"也就是老子所说的"涤除玄览"，庄子所说的"斋以静心"和"斋戒，疏瀹而心，澡雪而精神。"澄怀"的目的是涤荡污浊势利之心。"澄怀"是"味象"的前提。

写给青少年的
美学故事

"味"是特定的审美过程。所谓"味"，即品味。"品"字从三品，许慎认为与"众"同义。后来在实际使用中，基本意义都是"品尝"、"品味"或"品位"。自钟嵘《诗品》之后，"品"以及与之相近的"味"、"滋味"、"韵味"、"兴趣"、"机趣"等便经常出现在艺术美学评论之中。"味象"是"澄怀"的目的。贤者澄清其怀，使胸中无杂念地去品味显现道的象。这种"味"是一种精神的愉悦和审美的体验。"味"就是"万趣融其神思，畅神而已"。这种"美"可以起到"畅神"的作用，即可以陶冶人的性情，涵养人的心情。

"畅神"则是在观赏山水画的审美过程中所体验到的高度自由、高度兴奋的境界。宗炳以"畅神"为山水画最为重要的审美功能。"畅"是一种超越于现实而使精神舒展、飘逸的高度自由的状态，突出了山水审美"令人解放"的性质，突出了艺术所具有的审美的特征。

所谓"味"，是老子最早把"味"和"美"相连而提出的。他说："'道'

①陈传席著：《中国绘画美学史》，人民美术出版社 2000 年版。

"书要兼备阴、阳二气。大凡沉着屈郁，阴也；奇拔豪达，阳也。"
——刘熙载

之出口，淡乎其无味。"老子提倡的是一种特殊的美感，即平淡的趣味。"为无为，事无事，味无味。"老子这个美学观念最终在中国艺术和美学史上形成了一种特殊的审美趣味和审美品格，即"平淡"。

"象"则是指观照对象的形象。"山水质有而趣灵"，是谓山水是物质性的存在，但其中有着整体性的灵趣所在。"以形媚道"是山水是以它的"形"显现"道"而成为"美"和"媚"。《说文》曰："媚，说也。"媚，即悦也，愉悦。宗炳明确指出："山水以形媚道而仁者乐。"

在宗炳看来，山水画艺术要真正表现出水之"灵"、"趣"，创作主体必须亲身盘桓于自然山水之中，用审美的眼光反复观览把握，以山水的本来之形，画作画面上的山水之形；以山水的本来之色，画成画面上的山水之色。"况乎身所盘桓，目所绸缪，以形写形，以色写色也。"

宗炳说："夫以应目会心为理者，类之成巧，则目亦同应，心亦俱会，应会感神，神超理得。虽复虚求幽岩，何以加焉？又，神本无端，栖形感类，理入影迹。诚能妙写，亦诚尽矣。于是闲居理气，拂觞鸣琴，披图幽对，坐究四荒，不违天励之丛，独应无人之野，峰岫山尧嶷，云林森眇。圣贤映于绝代，万趣融其神思。余复何为哉，畅神而已。神之所畅，孰有先焉。"

"应目"指以目观诸物之形，"会心"指以澄怀（体悟思维）观道。会心即澄怀，观道才是最终目的。"应目会心"是指审美主体通过眼睛观照对象而会心感通，悟得其神，从而升华为"理"。"这是说山水是以'应目会心'为'理'的，只要能把山水巧妙地描绘出来，那么观者目接于形时，心就会领会其'理'。即使是亲身游于山水之间，求山水之神理，所得也不过如此了。"①

"以玄对山水"是中国对自然山水美观赏的一个重要进展。当自然山水真正成了人们的审美对象，"天人合一"的哲学理念实际上得

①李泽厚，刘纲纪主编：《中国美学史》第2卷，安徽文艺出版社1988年版。

到了更大的发挥和更深的表现。"晋宋人欣赏山水，由实入虚，超入玄境。晋宋人欣赏自然，有'目送归鸿，手挥五弦'，超然玄远的意趣。这使中国山水画自始即是一种'意境中的山水'。宗炳画所游山水悬于室中，对之去：'抚琴动操，欲令众山皆响！'郭景纯有诗句曰：'林无静树，川无停流'，阮孚评之云：'泓静萧瑟，实不可言，每读此文，辄觉神超形越。'这玄远幽深的哲学意味渗透在当时人的美感和自然欣赏中。"①

气韵生动

"气韵生动"，出自南朝画家谢赫之《古画品录》一书，在《古画品录》的序中提到的绘画"六法"之中，气韵就居首位。六法者何？一气韵生动是也，二骨法用笔是也，三应物象形是也，四随类赋彩是也，五经营位置是也，六传移模写是也。②

谢赫提出的以"气韵生动"为首的"六法"，是中国古代绘画艺术创作和鉴赏品评的重要准则。谢赫"六法"是一个相互联系的整体，是具有一定系统化和形态化的绘画艺术理论体系，其中"气韵生动"是总的要求和最高目标，其他五点则是达到"气韵生动"的必要条件和手段。

写给青少年的
美学故事

谢赫是由齐入梁的南朝画家。曾在宫廷任职，善画人物、仕女、兼善品评。他的《画品》据考订成书于梁大通四年（公元532年）之后。李绰在《尚书故实》中曾说："谢赫善画，尝阅秘阁，叹伏曹不兴，所画龙首，以为若见真龙。"谢赫的绘画艺术特点是："写貌人物，不俟对看，所需一览，便工操笔。""点刷精神，意存形似。目想毫发，皆无遗失。丽服靓妆，随时变改。直眉曲鬓，与时竞新。别体细微，多从赫始。遂使委巷逐末，皆类效颦。至于气韵精灵，未尽生动之致；笔路纤弱，不副壮雅之怀。然中兴已来，象人为最。"

"六法"是在顾恺之《论画》思想的基础上，进一步体系化的结果，是对以前绘画实践的全面总结。《四库全书总目提要》称谢赫"六法"

①宗白华：《美学散步》，人民出版社1981年版。
②潘运浩编：《汉魏六朝书画论》，湖南美术出版社1997年版。

为"千载不易"。谢赫提出的"六法"经唐代张彦远的阐发和郭若虚认为"六法精论，万古不移"之后，在中国绘画史上影响极大，而气韵生动说影响最为深远。

谢赫生活的时代，人物画得到充分的发展，因此，"六法"主要是对人物画而言。谢赫的"六法"除了传移模写之外，气韵生动，骨法用笔，应物象形，经营位置，随类赋彩，既是气韵、骨法、形象，又可分为：气、韵、骨、形、色。

冠于六法之首的"气韵，生动是也"，"气韵"的含义，谢赫未做详细解释，但从他的诸多画论中，我们可以读到诸如壮气、生气、神韵、雅韵等术语。五代荆浩在《笔法记》中关于气韵的阐释："气者，心随笔运，取象不惑。韵者，隐迹立形，备仪不俗。"

魏晋以来则把"气"作为一种与人的生命精神相关联的气质、神采之美的判断，是一种对内在的生命力度和精神力度的判断。"气"成为一种美学范畴。

这种包涵美学意味的气概括为三个方面内容：[①]

其一，"气"是概括艺术本源的一个范畴。钟嵘"气之动物，物之感人，故摇荡性情，形诸舞咏"（《诗品》）；刘勰："写气图貌"（《文心雕龙》）王微"以一管之笔，拟太虚之体"（《叙画》）即指的就是这一意思。

其二，"气"是概括艺术家的生命力和创造力的一个范畴。曹丕"文以气为主，气之清浊有体，不可力强而致"（《典论·论文》），这里的"气"即是指艺术家的生命力和创造力。

其三，"气"是概括艺术

①叶朗著：《中国美学史大纲》，上海人民出版社 1985 年版。

生命的一个范畴，也就是说，"气"不仅构成世界万物本体和生命，不仅构成艺术家的生命力和创造力的整体，而且也构成艺术形象的生命，谢赫"气韵"之"气"正是这种含义。谢赫的《古画品录》中"气"字共有七处之多。作为美学上的"气"主要是指艺术作品那种生生不息的艺术力量，它是自然的生命力和艺术家主体精神力量的统一。

"韵"的原意为"和"，《说文》解释为："韵，和也。"即声音和谐之意。刘勰在《文心雕龙·声律》中说"异音相从谓之和，同声相应谓之韵"。蔡邕在《琴赋》中写道："繁弦既抑，雅韵乃扬。"曹植的《白鹤赋》："聆雅琴之清韵。"嵇康的《琴赋》："于是曲引向阑，众音将歇，改韵易调，奇弄乃发。"《世说新语·术解》："每至正会，殿庭作乐，自调宫商，无不谐韵。"陆机在《文赋》中写道："收百世之厥文，采千载之遗韵。"

在"六法"中"韵"并不是指音韵，而是从人物品藻中引入的概念，在人物品藻中的"韵"，主要意味着人物具有清雅、高远、放旷的超群脱俗的风雅之美。用"高韵、雅韵、远韵、神韵"，以及"风韵秀彻"、

虢国夫人游春图
作品竭力表现贵妇们游春时悠闲而懒散的欢悦气氛，以华丽的装饰、骏马的轻快步伐衬托春光的明媚；以前松后紧的画面结构，传达出春的节奏；而人物的丰润圆满，丰姿绰约，则既表现出贵妇的雍容闲雅，又展现出春的气韵，而这种气韵也体现了大唐盛世的庄严与华贵。

"雅有远韵"、"玄韵淡泊"、"风韵清疏"等形容人物精神面貌，它是指透过人物的外在形象而传达出人物内在精神的气质和品格，它用来指人物的才情、智慧、风度等具有超群脱体的风雅之美，即刘义庆在《世说新语·任诞》所说的"风气韵度"。后来这一意义也被广泛运用到美学中的审美范畴，"有韵即美，无韵不美"，"风流潇洒谓之韵"。

宋代程颐、朱熹注释的《周易》

"韵"的特质就是艺术生命的节奏。这种生命节奏在中国绘画艺术中主要表现在墨之干湿浓淡，笔之疾缓粗细，点线面之疏密交错，以及物象的对称、均衡、连续、反复、间隔、重叠、变化、统一等等形式语汇的节奏之中。

"韵"既是内容的，又是形式的。它内在的本质是含有精神性的情感，而其外现的形式是与人的精神、情感同构的节奏。如谢赫评陆绥"体韵遒举，风采飘然"，评戴逵"情韵连绵，风趣巧拔"。①

谢赫在《古画品录》中运用"气韵"品评绘画作品共有九处。谢赫的"气韵"说是顾恺之"传神"说的继承和发展。谢赫"气韵"说则显得更为具体，容易成为品评的可量化的条件，更具操作性。

"气韵生动"的"气"与美学中的"神"既有联系又有区别。"神"在中国的哲学中主要是指人的精神，而人的身体则被称为"形"。这里所说的"气"有别于"神"的含义。"气韵生动"之"气"蕴含着"神"与"无"的思想内核，又超越了这两者。"气"是人的精神与生理的结合，是人的生命力的源泉。

对"气韵"的品评，主要是对于人物的气质、格调、品貌等内在精神状态的评定。谢赫品评作品优劣运用"气韵"一词，并展开运用了"壮气"、"气力"、"神气"、"生气"和"神韵"、"体韵"、"韵雅"、"情韵"等词语，分别在"气"与"韵"前后缀上不同的形容词，以体现自己的褒贬态度。谢赫的"气韵"是从画面整体出发，主要是品评一幅画的艺术境界、风格特点、审美情趣等。指作品本身

①施荣华：《论谢赫"气韵生动"的美学思想》，载《云南师范大学学报》2005年第37卷第2期。

表现出的一种自然与人的生命节奏，合乎美的音乐韵律，从而展现出一种精神内涵。若为画面人物形象，则主要指人物的生命力，人物内心精神状态，人物的气度风貌。

无论是"气韵"还是"传神"，两者都应该以表现美为目的。清代方薰在《山静居画论》中便说"气韵生动，须将'生动'二字省悟，能会生动则气韵自在"，充分说明了气韵的关键在于能否"生动"。谢赫明确要求表现"气韵"必须"生动"。

《周易》主张"天地之大德曰生"，"生生之谓易"，宇宙是处在一种"变动不居"的状态。"生动"是指生命的运动，包含生长、变化、向上、发展等意思。"生动"是由"气"的运动变化所引起的。"生动"与"气"不可分，有"气"才能"生动"，"生动"是"气"的特殊本性。王充的《论衡·自然篇》指出："天之动，行也，施气也。体动，气乃出，物尔生矣。""生长"不能脱离运动，有运动才有"生长"，并明确地把"生"、"气"和宇宙万物的形成联系在一起。"人以气为寿，形随气而动；气性不均，则于体不同。"

写给青少年的
美学故事

"生动"原是人物精神面貌的评语。顾恺之在评《小列女》时就写道："刻削为容仪，不尽生气。"这已经触及"生动"的内涵了，但这仅仅只是对人物表情的品评，而把此意转化为对作品的品评的应是受王微的影响，他在《叙画》中写道："横变纵化，故动生焉。"王微在这里强调了绘画中生动的感觉是由画面形象左顾右盼、纵横斜正决定的，由此生发出来的是整个画面凛凛然的风致和韵味。在谢赫看来，那构成艺术美的"气韵"，其表现的形式必须是"生动"的。"气韵"说也包含了这层意思。

谢赫使"气韵"成为中国绘画艺术千古不变的法则。值得一提的是荆浩将"气韵"向更具体的绘画语言落实，而董其昌以"气韵"为准绳，把中国绘画分为南北两宗，推崇王维为南宗之祖，推崇以"韵味"见长的南宗。

如果不把握"气韵生动"，就不可能把握中国古典美学思想体系。[①]

————————————

①叶朗著：《中国美学史大纲》，上海人民出版社 1985 年版。

声无哀乐

"声无哀乐"是由嵇康提出来的音乐美学思想，它是继《乐论》之后魏晋时代重要的音乐理论。

嵇康，字叔夜，因曾任魏中散大夫，世称嵇中散，中国三国时期魏末琴家、文学家、思想家。谯郡（金至）县（今安徽宿县）人，寓居于河内山阳县（今河南修武县西北），与阮籍、山涛、向秀、阮咸、王戎、刘伶友善，常在竹林游宴，世称竹林七贤。

崇尚老庄，喜欢清谈，学识渊博，善写诗赋文论，热爱音乐，擅长弹琴，《长清》、《短清》、《长侧》、《短侧》、《玄默》、《风入松》等琴曲，相传是他的作品，前4首合称"嵇氏四弄"。

在魏末司马氏掌权力谋篡位时，他过着隐逸的生活，不愿为司马氏做事。

魏元帝景元四年（公元263年），吕巽因为奸淫胞弟吕安的妻子，事情败露，心怀鬼胎的吕巽恶人先告状，反而诬陷吕安侍母不孝，吕安因此而蒙冤下狱。嵇康素来与吕氏兄弟友善，出面调停，亲自到狱中探望吕安，并义不容辞地替吕安辩诬，愤而写下《与吕长悌绝交书》。与嵇康有仇怨的钟会，乘机落井下石，向司马昭进谗言，说嵇康"上

竹林七贤与荣启期　画像砖　高80厘米　长240厘米　江苏省南京市西善桥宫山墓出土　江苏南京博物院藏
图中诸人都近于袒胸，赤足，坐于树下或举觞，或抚琴。画家有意描写"相与为散发裸身之饮"的不为世俗礼节所拘的情形。在因政见招致杀身之祸的环境下，喝酒遁世是求存的方法，虽名士亦身不由己。

荣启期　　　　　阮咸　　　　　刘伶　　　　　向秀

不臣天子，下不事王侯，轻时傲物，不为物用，无益于今，有败于俗"，"今不诛康，无以清洁王道"。司马昭便以"与不孝人为党"的罪名将嵇康投入监狱。太学生数千人上书"请以（嵇康）为师"，也不能免除嵇康的死刑。这年八月甲辰日，年仅40岁的嵇康被押赴洛阳东郊的刑场。据《世说新语·雅量篇》说："嵇中散临刑东市，神气不变，索琴弹之，奏《广陵散》，于今绝矣。"

"声无哀乐论"是针对以《乐记》为代表的儒家音乐美学来阐述的。

《礼记·乐记》是中国儒家音乐理论的专著。《乐记》的作者与成书年代、流传过程等方面虽然存在一些问题，却仍然是不可忽视的儒家音乐理论的重要著作。在二千余年的封建社会中，把它所表达的音乐思想视为正统；士大夫们谈到音乐问题时，总要以它作为自己立论的根据。

《乐记》强调使音乐成为社会教育的工具，用礼、刑、政一起以安定社会，使国家大治。"移风易俗，莫善于乐"，有关这一方面的论述，贯

竹林七贤画像砖中的嵇康

写给青少年的
美学故事

嵇康　　　　　　阮籍　　　　　　山涛　　　　　　王戎

穿着《乐记》全文，是儒家音乐思想的核心。它在后世被称为"乐教"。孔子认为"为政"必须"兴礼乐"，"成人"必须"文之以礼乐"，判断音乐则强调音乐内容的善，要求做到"思无邪"、"乐而不淫，哀而不伤"，因而他"恶郑声之乱雅乐"，主张"乐则韶舞，放郑声"。

音乐表现不同的感情，因而反映并影响社会的治、乱："是故治世之音安，以乐其政和；乱世之音怨，以怒其政乖；亡国之音哀，以思其民困。声音之道，与政通矣。"提出"乐者，通伦理者也"。

儒家的传统音乐思想，本来有其积极的一面，后来却发展到要求从声音中听出吉凶的征兆，如文中"秦客"第4次诘难时举例所说，介葛卢听到牛的叫声，就知道这头牛的三头子牛都已做了祭神的牺牲；师旷吹起律管，感到南风不强，就知道楚国打了败仗；羊舌肝的母亲听到她的孙子杨食我出生时的哭叫声像豺狼，就知道羊舌氏的宗族要被他覆灭；包括所谓"季子听声，以知众国之风，师襄奉操，而仲尼睹文王之容"等等。把音乐等同于星相术中的"风角"。正是这种把音乐的社会功能庸俗化了的神秘观点，受到了嵇康的批判。

嵇康的音乐思想，主要表现在他的论文《声无哀乐论》里。这篇论文长近万字，用"秦客"（俗儒的化身）和"东野主人"（作者自称）的八次辩难，反复论证、有针对性地批驳儒家传统乐论，进而阐述他自己的音乐思想。钱钟书说《声无哀乐论》："体物研几，衡铢剖粒，思之慎而辨之明，前载未尝有。"[①]刘勰在《文心雕龙·论说》中说《声无哀乐论》是"师

嵇康像

---

①钱钟书著：《管锥编》第2版第3册第1087页，中华书局1986年版。

心独见，锋颖精密"。

在《声无哀乐论》的开始，秦客便提出："闻之前论曰'治世之音安以乐，亡国之音哀以思'。夫治乱在政，而音声应之，故哀思之情表于金石，安乐之象形于管弦也。又仲尼闻《韶》，识舜之德；季礼听弦，识众国之风。斯以然之事，先贤所不疑也。今子独以为声无哀乐，其理合居？"[1]说明从音乐中可以观察到某种圣德和民情。

对此嵇康说："天地之德，万物资生，寒暑代往，五行以成。故章为五色，发为五音。音声之作，其犹臭味于天地之间。其善与不善，虽遭遇浊乱，其体自若，而不变也。岂以爱憎易操，哀乐改度哉？"嵇康从自然之道的美学观出发，强调音乐自然和谐，认为音乐是天地和德，阴阳变化的产物，即使遭遇什么浊乱，它的本体永远与自身同一，不会改变。音乐之作，同自然界的五色、五味一样，是自然之物，没有什么哀或乐的内容。

写给青少年的
美学故事

嵇康说："声音自当以善恶为主，则无关于哀乐；哀乐自当以情感而后发，则无系于声音。"意思是：音乐只能分别好和坏，与表现悲哀或者快乐的感情无关；这即是说，音乐本身有其自然属性，而与人的哀乐无关。

嵇康说："声音有自然之和，而无系于人情。"音声中既无"哀乐"之实，也无"哀乐"之名。"名实俱去"之后，嵇康阐述了声无哀乐的两个缘由：一是"和声之无象，音声之无常"，其二是"心之于声，明为二物"，认为音乐与情感是不相关联的两个领域："声之与心，殊途异轨，不相经纬。"嵇康说："然则心之与声，明为二物。二物诚然，则求情者不留观于行貌，揆心者不借听于声音也。"

嵇康反对儒家音乐理论中的教化说。《乐记》提出"其本在人心之感于物也"，并且将这一观点解释为："音之起，由人心生也；人心之动，物使之然也。"《乐记》认为音乐是一种抒情的艺术，但是这种感情的来源却是外部物质世界。例如人们在听音乐时感到"摇曳乎性情"，这种感情来源于音乐本身。音乐是有感情的，我们感动是因为我们分享了音乐的感情。《乐记》提出了"情动于中，故形于声"，

---

[1]嵇康著：《声无哀乐论》引文下同，人民音乐出版社 1965 年版。

东晋彩绘漆盘名士弹琴图

"乐者，所以象德也"，用能表情、象德的音乐去"教化"人。

稽康认为："声音以平和为体，而感物无常；心志以所俟为主，应感而发。"所谓哀乐，是人内心之情先有所感，然后才在听乐时表露出来，至于情因何而感产生哀乐，这与音声本身无关。悲哀或者快乐的感情是人们情有所感而发生的，与音乐的表现无关。

稽康说："夫哀心藏于内，遇和声而后发，和声无象而哀心有主。"意思是说，声音并没有一个定象，因而感染事物没有一定的必然原因，人的心境以原有的经验感受为基础，相应地被感染而流露出来，形成悲哀或快乐的情感。

"是故知声而不知音者，禽兽是也，知音而不知乐者，众庶是也，惟君子为能知乐。" ——《礼记·乐记》

嵇康认为虽然音乐与情感无关，但音乐为人心情欲所喜爱，与情感有联系并能引发人的情感。他说："夫声音和比，人情所不能已者也，声音和比，感人之深者也。"又说："宫商集比，声音克谐，此人心至愿，情欲之所钟。"由宫商等声音聚集融洽而成的和谐的音乐是人们的内心所非常愿意听到的，为人们的"情欲"所钟爱。音乐所触发的情感反映，其根源仍在审美主体方面。这是嵇康"对审美主客体关系的科学认识，是音乐美学思想史上的一次飞跃"。[①]

嵇康认为音乐的本体是超哀乐的，是一种自然的"和"的状态，不会因为爱憎和哀乐而改变的。嵇康强调"和声无象，哀心为主"，将音乐与心境的关系判别得一清二楚。"声音有自然之和，克谐之声，成于金石，至和之声，得于管弦也"。嵇康说："声音以平和为体。"音乐的本体就是"和"或"平和"。"和"是《声无哀乐论》思想的核心。

对于欣赏者而言，就要做到"性洁静以端理，含至德之和平"。嵇康认为要做到："爱憎不栖于情，忧喜不留于意，泊然无感，而体气和平。"就要通过嵇康《琴赋》中所指出的途径："（琴）性洁净以端理，至德之和平，诚可以感荡心志而发泄幽情矣。"这样才能达到像嵇康在《赠兄秀才从军诗》中所描述的那样："目送归鸿，手挥五弦。俯仰自得，游心太玄。"抛弃一切世俗之累，沉入到心灵深处，在宁静中去聆听、去感受大自然的和谐。这和其人生观是一致的。

写给青少年的
美学故事

他在《养生论》中说："古人知情不可恣，欲不可极，故因其所用，每为之节。使哀不致伤，乐不致淫。"他在《养生论》中主张："日希以朝阳，绥以五弦，无以自得，体妙心玄。忘欢而后乐足，遗生而后身存。"嵇康在《养生论》中认为养生的最高境界是"爱憎不栖于情，忧喜不留于意，泊然无感，而体气和平"的"平和"境界。

"嵇康的以'和'为核心的乐论的建立，可以说是魏晋玄学的美学完成。"[②]

①蔡仲德著：《中国音乐美学史资料注释》下册，人民音乐出版社1990年版。
②李泽厚、刘纲纪主编：《中国美学史》第2卷，安徽文艺出版社1988年版。

第三章
中世纪美学的集大成者
——托马斯·阿奎那

流星般匆忙的一生

13 世纪，这是个由教义支撑灵魂的时代，一个由僧侣的粗呢袍和骑士铁剑构成美丽图画的时代。

在著名的巴黎大学神学院里，有一名学生，因其行动之迟缓，性格之沉稳，寡言少语，再加之身材魁梧，常被同学们戏称为"哑牛"。对于这位西西里的大笨牛，著名的亚里士多德学者阿尔伯特预言道："这头哑牛的吼声将响彻全世界。"果然，教会在他生前就给予了他极大的支持和极高的声誉，称他为最光荣的"天使博士"，他成了中世纪最重要的哲学家，他的学说不仅是经院哲学的最高成果，也是中世纪神学与哲学的最大、最全面的体系。1323 年教皇约翰二十二世追封他为"圣徒"，1567 年他又被命名为"教义师"，1879 年教皇还正式宣布他的学说是"天主教会至今唯一真实的哲学"。这个人就是意大利人托马斯·阿奎那。

托马斯·阿奎那（1225 年～ 1274 年）生于意大利的洛卡

美学辞典

经院哲学（scholasticism）：产生于 11 ～ 14 世纪欧洲基督教教会学院的一种哲学思潮。经院哲学可以划分为早期、中期和晚期三个阶段。它是运用理性形式，通过抽象的、烦琐的辩证方法论证基督教信仰，为基督教服务的思辨哲学。经院哲学家们围绕共相与个别，信仰与理性的关系展开了长期的争论，形成了唯名论与实在论两大派别。

塞卡堡，该城堡是阿奎那家庭的领地。阿奎那家族是伦巴底望族，与教廷和神圣罗马帝国皇帝都保持着密切关系。托马斯·阿奎那5岁时，由父亲送往蒙特·卡西诺的大本尼狄克修道院上学，在那里接受了9年的初等教育。他的父亲希望他将来做一名隐修士，终身为教会服务。14岁时，他进入那不勒斯大学。那不勒斯大学以思想开放、学术自由而为人们所瞩目。阿奎那在这里开始阅读亚里士多德的著作。1244年，他不顾父亲的反对，加入了多米尼克修会，宣誓永做教会的忠诚卫士，绝对服从教会的领导。他的这一举动，引起了父母和亲属的强烈不满和反对，因为，加入多米尼克派，不仅意味着日后将与贫困为伍，而且还影响了家族同不断壮大的王权弗烈德里二世的关系。所以，在阿奎那被教派送往巴黎学习的途中，被其兄长绑架，并将其软禁在家中。

在此后一年多的时间里，据说，其母亲为了留住他，想方设法劝他退出多米尼克修会，曾不惜借用女性的美丽以勾起他对世俗生活的依恋。一天，阿奎那发现一个赤裸的漂亮女人闯进他的卧室，他充满了愤怒，果断地拿起炉边一把烧红的烙铁把这个女人赶了出去，并且在门上烙上了一个醒目的十字架印记，以示

这是14世纪比萨画家弗朗西斯科·特雷尼的《圣托马斯·阿奎那的杰出成就》一图，阿奎那是最早把亚里士多德著作引入基督教思想的哲学家。

写给青少年的
美学故事

决心。阿奎那抵御了各种诱惑，以其真诚、执着感动了他的母亲，终于回到了多米尼克教会。

1248 年至 1252 年，阿奎那先到科伦，就学于著名的大阿尔伯特。从他那里，阿奎那学会了如何欣赏亚里士多德的著作。他的勤奋好学、惊人的辩才在此得以充分展示。其后，阿奎那被推荐入巴黎大学神学院，并于 1256 年春天完成学业。但他未能立即获得学位，只是在教皇亲自干预的情况下，阿奎那才于当年秋天在卫兵的护送下获得了神学硕士学位。从此，阿奎那开始了其教学生涯。

1274 年，他应教皇格列高利十世之召，参加里昂公会议，在赴罗马的途中病逝，年仅 49 岁。虽然他生命短暂，但是他的影响却是长久的。1879 年，教皇利奥三世在《永恒之父》通谕中全面颂扬托马斯·阿奎那的神学和哲学。从此，他的哲学被称为天主教的官方哲学，即经院哲学。

托马斯的著作卷帙浩繁，总字数在 1500 万字以上，其中代表作为《反异教大全》、《神学大全》。

美属于形式因的范畴

什么是美？托马斯说："凡是一眼见到就使人愉悦的东西才叫作美的，这就是美存在于适当的比例的原因。感官之所以喜爱比例适当的事物，是由于这种事物在比例适当这一点上类似感官本身。感官也是一种比例，正如任何一种认识能力一样。认识必须通过吸收的途径产生，而吸收进来的是形式，所以，美本身与形式因的概念联系着。"[①]这就是说：美是通过感官使人愉快的东西；其次，只有在观赏时立即直接使人愉快的才是美的；第三，美在形式，美只涉及形式而不涉及内容。这种强调美的感性和直接性的观点在后来康德和克罗齐的美学中得到进一步的发展。阿奎那主张："一眼见到就使人愉快的东西才叫作美的。"阿奎那认为人类的其他类型

"艺术作品起源于人的心灵，后者又为上帝的形象和创造物，而上帝的心灵则是自然万物的源泉。"

——阿奎那

①《朱光潜全集》第 6 卷第 152 页，安徽教育出版社 1990 年版。

佛罗伦萨圣母玛丽亚教堂内壁画　14世纪

这幅壁画显示了托马斯·阿奎那的胜利，他的《神学大全》一书最终导致了教会的分裂，他的思想体系也成为天主教会的官方学说。《神学大全》也集中体现了他的美学思想。

的愉悦，主要与触觉感官相联系，并为其他生物所共有；这些愉悦出现在从事必要的和实用的活动中，而且是为了维持生命的，而喜爱美并由于其自己的原因而欣赏美，则是人所特有的能力。"最接近于心灵的感觉，即视觉和听觉，也最能为美所吸引。我们时常谈到美的景象和声音，而不大提及美的滋味和气味。"阿奎那以牡鹿的声音为例说明了这两种愉悦的区别："狮子在看到牡鹿或听到牡鹿声音的时候感到愉悦，是因为这预示了一顿佳肴。而人却通过其他感觉体验到愉悦，这不仅是由于可以美餐一顿，还由于感性印象的和谐。产生于其他感觉的感性印象因为其和谐而使人愉悦，譬如当人对完美和谐的声音感到愉悦的时候。因此，这种怜悯也就不再同维持其生存相联系。"由此可见，审美的感觉并不像某些在生物学上具有重要意义的感觉那样是纯感性的，也不像道德情感那样是纯理智的，单凭形式一见就令人愉快，阿奎那这个观念上承柏拉图，下启康德，康德明确表达了审

美学辞典

七艺：在中世纪早期，神学号称为"一切科学的王冠"。七艺隶属于神学之下，学习七艺是为进而学习神学作准备。七艺作为学科，一直沿用到文艺复兴运动以前。在当时的学校都设有三艺（trivium）和四艺（quadrivium），前者指语法学、修辞学和逻辑学，后者包括算术、几何、音乐和天文学，两者合称即所谓的"七门自由艺术"（septemartesliberales），简称"七艺"。

美感受的基本特征：无关实利而令人愉悦，无关目的而合乎目的。阿奎那最早尝试寻找美感与一般快感的区别，而且明确地把视听感官列入审美活动范围之内，这是阿奎那美感理论的特征和历史价值所在。

美和善一致，但是仍有区别。因为善是"一切事物都对它起欲念的对象"。所谓的欲念就是追向某个目的的冲动。美只是涉及认识功能。总之，凡是只为满足欲念的东西叫作善，凡是单凭认识就立刻使人愉快的东西叫作美。[①]认识须通过吸收，而所吸收进来的是形式，所以严格地说，美属于形式因的范畴。阿奎那在以上论述中，揭示了美与善区别的最基本特征：美与善的区别可归结为带不带欲念和有没有外在目的之分。

美有三个要素

阿奎那在《神学大全》卷一中是这样表述的："美有三个要素：第一是一种完整或完美，凡是不完整的东西就是丑的；其次是适当的比例或和谐；第三是鲜明，所以鲜明的颜色是公认为美的。"美在"整一"、"和谐"，物体美是"各部分之间的适当比例，再加上一种悦目的颜色"。完整与和谐是来自古希腊的美学观念。圣奥古斯丁的"悦目的颜色"在阿奎那这里则以"鲜明的色彩"取代之。在阿奎那的美的三要素中，完整是最关键性的。这是由于阿奎那认为一切美的事物的形式都是来自于上帝，因此美的因素是完整的，而不是残缺的。阿奎那把比例之间的和谐一致放在第二位。阿奎那提出了双重的比例概念："我们将比例一词用在两层含义上。在第一层含义上，它指一个量同另一个量的复杂关系；

---

① 《朱光潜全集》第 6 卷第 152 页，安徽教育出版社 1990 年版。

而在这个意义上，'双倍'、'三倍'与'相等'是比例的诸类型。在第二层含义上，我们说比例是一部分同另一部分的关系。在这个意义上，创造物同上帝才可能有比例，因为创造物同上帝的关系也如效果与原因或可能与行为的关系一样。"因此，对于阿奎那来说，比例不仅包括量的关系，而且也包括质的关系；不仅包括自然界的比例，而且也包括精神世界的比例。

"形状，当它同事物的本性相符时，便与色彩一道使事物成为美的。"阿奎那由此认为事物的美除了完整性外，就在于事物各部分的有机协调关系和颜色的鲜明。他以人为例写道："我们将一个人称作是美的，是因为他的肢体在其量上和排列上具有合适的比例，也因为是他有着明快的、光亮的色彩。"

他给"鲜明"所下的定义是："一件东西（艺术品或自然事物）的形式放射出光辉来，使它的完美和秩序及全部丰富性都呈现于心灵。""鲜明"来自上帝的光辉的普照。在基督教教义看来，上帝以其光辉普照万物，世间美的事物的光辉就是上帝的光辉的反映。所以阿奎那把"鲜明"作为美的形式的重要性或价值功能就在于：它能将完整统一而又有和谐秩序的事物更进一步充分而又丰富地呈现于人们的心灵。总之，阿奎那整个美的三要素都是与上帝密切相关，即它们都是上帝的体现，或者说，它们都源于上帝。

写给青少年的
美学故事

在美的分类方面，阿奎那提出："美有两种，一种是精神的，即在精神上的恰当的秩序与丰富；另一种则是外在的美，即在物体的恰当的秩序以及属于这一物体的外在属性的丰富。"他把这两种美认真区别开来，并且认为一种物体的美也不同于另一种物体的美："精神的美是一种东西，物体的美则是另一种东西；然而，某一种物体的美又是另外一种东西。"阿奎那认为："爱美之心人皆有之；但是，肉体的人爱的是肉体的美，而精神的人爱的是精神的美。"

圣托马斯·阿奎那的出现，使经院论哲学学派"不仅有了他们自己最伟大的哲学家，而且有了对美学做出最伟大贡献的人"。托马斯的美学思想比较集中地体现了经院时期正统的美学思想，其理论上承新柏拉图派的神秘主义，下启康德的形式主义美学，因而在西方美学史上占有重要地位。

第四章

苏轼提出"诗画同一"

苏轼，（1037年～1101年），字子瞻，一字和仲，自号东坡居士，眉州眉山（今四川眉山）人。宋代著名文学家，唐宋八大家之一，和其父苏洵、其弟苏辙并称"三苏"。诗、文、书、画俱成大家，是中国文学史上罕见的全才。

他的散文汪洋恣肆，明白畅达，"其文涣然如水之质，漫衍浩荡，则其波亦自然成文。"与欧阳修并称欧苏；他的诗内容广阔，风格多样，清新豪健，善用夸张比喻，他抒发人生感慨和歌咏自然景物的诗篇表现出宋诗重理趣，好议论的特征，对后人影响也最大，与黄庭坚并称苏黄。《原诗》说："苏轼之诗，其境界皆开辟古今之所未有，天地万物，嬉笑怒骂，无不鼓舞于笔端。"清人蒋兆兰《词说》说："宋代词家源出于唐五代，皆以婉约为宗。自东坡以浩瀚之气行之，遂开豪迈一派。南宋辛稼轩运深沉之思于雄杰之中，遂以'苏辛'并称。"他将北宋诗文革新运动的精神发扬光大，《念奴娇·赤壁怀古》、《水调歌头·丙辰中秋》传诵甚广。

刘辰翁曾说："词至东坡，倾荡磊落，如诗、如文、如天地奇观。"他擅长行书、楷书，能自创新意，用笔丰腴跌宕，有天真烂漫之趣，与蔡襄、黄庭坚、米芾并称"宋四家"；他能画竹，学文同，也喜作枯木怪石，他和米芾一道，创造了中国的文人画，是"湖州派"的中坚人物。

他的政治之路十分坎坷，他既反对王安石比较急进的改革措施，也不同意司马光尽废新法，因而在新旧两党间均受排斥，仕途

苏轼像

生涯几经曲折。他是宋仁宗景佑三年生，嘉祐二年进士，累官至端明殿学士兼翰林侍读学士，礼部尚书。神宗时苏轼曾任祠部员外郎，因反对王安石新法而求外职，任杭州通判、知密州、徐州、湖州。

宋神宗熙宁九年（1076年），被贬的苏东坡正在密州知州任上。这一年的中秋节夜晚，皓月当空，苏东坡与客人在新筑成的超然台上赏月饮酒，即兴写成《水调歌头》一首：丙辰中秋，欢饮达旦，作此篇兼怀子由。

写给青少年的
美学故事

美学辞典

唐宋八大家：是中国唐代韩愈、柳宗元和宋代欧阳修、苏洵、苏轼、苏辙、王安石、曾巩八位散文家的合称。明初朱右选韩柳等八家古文为《八先生文集》，遂起用八家之名。明中叶唐顺之所纂《文编》中，唐宋文也取八家。明末茅坤承二人之说，选辑了《唐宋八大家文钞》，此书流传甚广，唐宋八大家之名也随之流行。八大家中苏家父子兄弟有三人，人称"三苏"，又有"苏门三学士"之称。

明月几时有，把酒问青天。不知天上宫阙，今夕是何年。

我欲乘风归去，又恐琼楼玉宇，高处不胜寒。

起舞弄清影，何似在人间。

转朱阁，低绮户，照无眠。不应有恨，何事长向别时圆。

人有悲欢离合，月有阴晴圆缺。此事古难全。

但愿人长久，千里共婵娟。

哲宗时任翰林学士，曾出知杭州、颍州等，官至礼部尚书。哲宗绍圣年间（1094年～1097年）出知定州，后被御史谮其作词"讥斥先朝"、"诽谤先帝"，被贬官惠州，再贬琼州，徽宗即位后被放还，病卒于常州。南宋孝宗时，追谥文忠。

诗画同源

苏轼"初好贾谊、陆贽书，论古今治乱，不为空言。既而读《庄子》，谓然叹曰：'吾昔有见于中，口未能言，今见《庄子》，得吾心矣。'

---

①苏辙：《苏辙集》第3册第1126页，中华书局1990年版。

竹石图卷 北宋 苏轼
苏轼善于绘画枯木、丛竹，他认为画竹不能只在竹节、竹叶上下功夫，要胸有成竹，一挥而就，这样才能气韵生动。

后读释氏书，深悟实象，参之孔墨，博辨无碍，浩然不见其涯矣。"[1] "从佛教的否定人生，儒家的正视人生，道家的简化人生，这位诗人在心灵识见中产生了他的混合的人生观"。[1]

苏轼在《送参寥师》中说："欲令诗语妙，无厌空且静。静故了群动，空故纳万境。"在佛、道二教中，"空静""虚空"的要义，都是达到"无我"之境而得万物之本。苏轼反复强调的艺术创作过程中的"空静"心态，"天工清新"的审美原则都是来源于他对佛老之学的认识。如苏轼在总结文与可的画竹经验时说："与可画竹时，见竹不见人。岂独不见人，嗒然遗其身。其身与竹化，无穷出清新。庄周世无有，谁知此疑神。"苏轼《琴诗》中指出："若言琴上有琴声，放在匣中何不鸣？若言声在指头上，何不于君指上听？"《琴诗》用典就是出于《楞严经》"譬如琴瑟琵琶，虽有妙音，若无妙指终不能发"。

儒家的积极进取、浩然之气，庄子的逍遥任性，魏晋名士的游心太玄，禅宗的空无为本，融合为苏轼的独特的精神天地。苏轼出入儒道佛禅，兼容并采，灵活通脱，各有所用。"苏轼一方面是忠君爱国，学优而仕，抱负满怀，谨守儒家思想的人物，甚至有时还带有似乎难以想象的正统迂腐气。但要注意的是，苏一生并未退隐，也从未真正的'归田'，但他通过诗文所表达出来的那种人生空漠之感，却比前人任何口头上或事实上的'退隐'、'归田'、'遁世'要更深刻更沉重。"正因为如此，"苏轼奉儒家而出入佛老，谈世

---

①林语堂著：《苏东坡传》第9页，天津百花文艺出版社2000年版。
②李泽厚著：《美的历程》，安徽文艺出版社1994年版。

事而颇作玄思，于是，行云流水，初无定质，嬉笑怒骂，皆成文章。"②

在美学理论上，苏轼海纳百川且自成一家，可说是中国古典美学的一个典型。除了"儒家的底子"，还有"庄子的哲学，陶渊明的诗理，佛家的解脱"。在中国美学史上，苏轼最早研究探讨艺术的本质。苏轼在其《书鄢陵王主簿所画折枝二首》中首次明确提出"诗中有画，画中有诗"的美学见解，诗文同宗，诗画互见，书画同源。原诗如下：

其一：论画以形似，见与儿童邻。赋诗必此诗，定非知诗人。诗画本一律，天工与清新。边鸾雀写生，赵昌花传神。何如此两幅，疏淡含精匀。谁言一点红，解寄无边春。

其二：瘦竹如幽人，幽花如处女，低昂枝上雀，摇荡花间雨。双翎决将起，众叶纷自举。可怜采花蜂，清蜜寄两股。若人富天巧，春色入毫楮。悬知君能诗，寄声求妙语。

绘画、书法、诗不同形式的文学艺术具有共同的艺术本质——"情感"，不论是诗还是画，不融合表现创作者的情感，就不具备审美价值。苏轼"诗画本一律"说，是对艺术本质特征——"情"的认识的进一步深化。他说："文以达吾心，画以适吾意而已。"

写给青少年的
美学故事

从"诗言志"到"诗缘情"，诗都从未与情志意蕴割断过联系。诗因情而发，"发乎情，止乎礼义"。审美情感中情感是艺术最基本、最重要的特征。在苏轼诗画中，"诗"是指能够为观赏者所体悟到的情志意蕴，可称之为"诗意"。在这里，"诗"是一个美学范畴。苏轼"诗中有画"要求的就是诗歌要有"画境"，唯有"画境"的融入，诗的情志方才有所附丽，才不至于陷入虚空。诗的意境缘于诗的"画境"。

"画中有诗"也是苏轼画论的一贯主张。他明确地讲自己的诗书、文画是因情而发，有感于其中的"诗不能尽，溢而为书，变而为画"。画从物质性的形色物象升华到精神性的情志意蕴，从实到虚，这也是一种与中国哲学精神相一致的艺术精神。

诗画都是源于和表现现实生活，须对事物作形象的描摹，达到"形似"的要求。但要传达出事物的内在神韵，这就是"神似"。在艺术上做到既真实自然，又气韵生动，形神俱佳，达到形似与神似的高度统一。

在苏轼看来，诗歌创作要做到"意在笔先"，而且在艺术表现上，既要注重形似，更要做到神似，追求形神兼备，这样的艺术作品才会

《东坡乐府》（北宋苏轼著）书影

给人以美感，才会使作品有巨大的艺术感染力和长久的生命力。他明确地提出了诗贵传神。画家要"以神遇而不以目视，官知止而神欲行"。

苏轼主张以形传神，"尽物之态"，表现事物的内在本质。如他说："观士人画如阅天下马，取其意气所到。乃若画工，往往只取鞭策、皮毛，槽枥，刍秣，无一点俊发，看数只许便倦。"画马应能概括天下马，表现其"俊发"的精神，而不能停留在局部形似。他引文与可论画竹木："于形既不可失，而理更当知"，做到"形理两全，然后可言晓画"。"形理两全"指达到"形似"与"神似"的统一。他赞同顾恺之所说："传形写影，都在阿堵中。"即人的眼睛最能体现人的精神。

"重理"，是宋诗也是苏轼诗歌批评、审美理论的核心。艺术是不仅要有出人意料的真情"新意"，也要寓含客观事物的"妙理"。苏轼指出文艺作品不能只停留在能避免"常形之失"上，而是要能含物之"常理"。"理"是"成物之文也"，通常指条理、准则和规律，就是自然万物、社会生活的千变万化的本质规律。苏轼在《上曾丞相书》中指明："幽居默处，而观万物之变，尽其自然之理。"在苏轼看来，"天地与人一理也"。"理"，通过美的意象、形象表现出来。如欲画马，则应"胸中有千驷"，欲画竹，则首先观眼前之竹，再"胸有万杆竹"的融合。苏轼称赞文与可的画："与可之于竹石枯木，真可谓得其理者矣。"他称赞吴道子的画："道子画人物如灯取影，逆来顺往，旁见侧出，横斜平直，各相乘除，得自然之数不差毫末。出新意于法度之中，寄妙理于豪放之外，所谓游刃余，运斤成风，盖古今一人而已。"

苏轼的散文"其文焕然如水之质，漫衍浩荡，则其波亦自然成文。"达到了"如行云流水，初无定质，但常行于所当行，常止于所不可不止。文理自然，姿态横生"的艺术境界。"文理自然"则是其达理的艺术标准与要求，也是"随物赋形"的目的所在。"随物赋形"是苏轼达理的艺术途径和艺术手段。"随物赋形"就是即要形似，更要神似。唯此才能使诗歌"文理自然，姿态横生"，乃为天工，是为上乘。他在《书辨才次韵参寥诗》中说："平生不学作诗，如风吹水，自成文理。而参寥与吾辈诗，乃如巧人织绣耳。"可见其审美中的自然飘逸之情致。

第三编
文艺复兴美学与中国明代美学

　　文艺复兴时期的美学思想受到同时代自然科学发展的影响，建立了新的美学体系。其中的"人文主义"思想对后学影响巨大，出现了达·芬奇这样的美学巨匠；中国的明朝则诞生了伟大的唯物主义思想家王夫之，他的诗学美学是对中国古典诗学美学的总结。

第一章
但丁美学中的人文主义萌芽

意大利的佛罗伦萨是一座时常能唤起人们美好遐想的城市。在这座被情诗王子徐志摩称作"翡冷翠"的城市里，产生过达·芬奇、米开朗琪罗、拉斐尔、薄伽丘、伽利略等历史巨人，当然还有"伟大而荣耀的诗人"——但丁。正是由于这些伟人的存在，使得这座城市成为文艺复兴的摇篮。

在贯穿全城的阿尔诺河上，有一座古桥，记录着一个昔日的美好传说。这座饱经沧桑的老桥建于古罗马时期。它是阿尔诺河上唯一的廊桥，那时的桥面和桥廊都是木料所搭。历史上曾几次受到洪水侵袭，只剩下两个大理石桥墩。现在这座造型典雅的三拱廊桥是 1345 年重建而成。在第二次世界大战中，阿尔诺河上的十座古桥中的其他九座都被纳粹军队炸毁了，唯独老桥安然无恙。正是在这里曾经演绎过另一个版本的"廊桥遗梦"，而它的主人公正是被世人所仰慕的伟大诗人但丁。

那是一个春光明媚的上午，阳光洒在阿尔诺河上，波光闪闪，把河上的廊桥和桥畔的行人映衬得更加光彩夺目。贝特丽丝，一位容貌清秀、美丽高贵的少女在侍女的陪伴下向廊桥走来。此时，9 岁的少年但丁正随父亲参加友人聚会，也正好走上廊桥，两人在桥上不期而遇。但丁凝视着少女，既惊喜又怅然；而少女却手持鲜花，双目直视前方，径直从但丁身边走过，仿佛没有看见但丁。但她的眼里放射出的异样的光芒和脸

但丁像

但丁，中世纪最伟大的诗人，他的美学思想在美学史上占有重要地位，开启了一个新的时代。

上泛起的潮红却透露出少女情动的信息。这一眼就开始了但丁的初恋，并且对她的爱终生不渝。

9年后，当但丁第二次见到她时，她嫁给了一位银行家，25岁就夭亡了，把美丽和哀伤留给

但丁与其终身热恋的贝特丽丝相会于"旧桥"
贝特丽丝成为但丁作品中一个神化的女性，并在《神曲》中引导但丁"游历天堂"。

了但丁。虽然但丁在30岁时与一个名叫杰玛的女子结婚，并生有4个孩子，但是终生难忘的仍然是这个年轻、美丽而富贵的女子。

岁月流逝，这份爱慕在但丁炙热的情感中化作一位上帝派来人间的拯救他灵魂的天使，一种完美和理想生命的化身。然而，越是爱，越是品尝着无望，越是无望，越是寄托愿望于遥不可及的爱。这样的哀伤和思念之情催生了《新生》——这部他早年的诗作又为他晚年创作《神曲》作了情感和素材的准备。而这一切都源于那次在廊桥的偶然的邂逅。

《神曲》成为继《荷马史诗》后最伟大的作品。在《神曲》中，但丁把贝特丽丝描绘成集真善美于一身、引导他进入天堂的女神，以此来寄托他对贝特丽丝的美好情感。但丁说过他写《神曲》的目的是"要使生活在这一世界的人们摆脱悲惨的遭遇，把他们引到幸福的境地"。

1265年8月，但丁（Dante）出生在一个走向没落的贵族家庭，父亲早亡，家境日衰，其母重视教育，把但丁送到著名学者拉丁尼那里学习拉丁文，攻读古典文学；他特别崇拜古罗马的一位重要诗人维吉尔，把维吉尔当作自己的精神导师。

圣·奥古斯丁的思想对他影响尤大。1300年，但丁当选为佛罗伦萨六大行政官之一，他代表资产阶级政党，反对教皇干涉内政，反对贵族阶级把持政权；1302年代表封建教皇的势力得势，但丁被放逐，

写给青少年的
美学故事

美学辞典

《神曲》(Divina Commedia)：创作于1307年～1321年，各诗均为三行押韵诗，是但丁所创的诗体。《神曲》是但丁于流放期间历时十四年完成的长篇诗作，原名为《喜剧》。中世纪时，人们对“喜剧”的解释与今人不同，其意为结局令人喜悦的故事。1555年后，人们在原书名前加上修饰语“神圣的”，既表示对诗人的崇敬，亦暗指此诗主题之庄严深奥，意境之巍峨崇高。在中国，则将书名译为《神曲》。正是它奠定了但丁“文学三杰”之一的地位。《神曲》是中世纪文学哺育出的瑰宝。

“心灵生来就对爱是敏感的，
欢乐唤醒它，
使它行动起来。
它对一切令人喜悦的事起反应。”
——但丁[①]

终生不得回佛罗伦萨；后来，但丁在威尼斯染重病，1321年死于意大利东北部亚得里亚海海滨城市腊万纳。

正如恩格斯在《共产党宣言》意大利文版序言中所指出：“封建的中世纪的终结和现代资本主义纪元的开始，是以一位大人物为标志的。这位人物就是意大利人但丁，他是中世纪的最后一位诗人，同时又是新时代的最初一位诗人。”

但丁美学思想的特点在于它的过渡性——既有中世纪美学的深刻印迹，又有新时代的美学观念。他认为：“上帝统治宇宙，权力无所不达。”上帝是美的本源，神学理性是判别美丑的标准和尺度。《神曲》是描写人类精神艰难的心路历程，对善良或邪恶的人的不同处置，或下地狱，或留净界，或升天堂，判别标准都是依照正宗的神学伦理原则。

《神曲》的布局和结构具有象征性，而象征是中世纪美学表现的最基本原则。“象征”是两事物之间个别特征的相近、类似、相同，这形成了象征在内容方面的特点是“只及一点，不及其余”。中世纪基督教充分利用象征手法宣扬教义，以增

①但丁：《神曲》，人民文学出版社1954年版。

加教义的神圣性和神秘性，形成了其艺术表现传统和审美习俗。

诗人借助基督教救赎观念和地狱、炼狱、天堂三界的神学教义结构全诗。但丁认为，人生有两种幸福："今生的幸福在于个人行善；永生的幸福在于蒙受神恩。""此生的幸福以人间天国为象征，永生的幸福以天上王国为象征。此生幸福须在哲学（包括一切人类知识）的指导下，通过道德与知识的实践而达到。永生的幸福须在启示的指导下，通过神学之德（信德、望德、爱德）的实践而达到。"

在《神曲》中，但丁精心安排了两个人物作为自己的导师，一为象征理性、知识的维吉尔，一为象征信仰、虔敬的贝特丽丝。地狱、炼狱和天堂分别对应着"人间天国"和"天上王国"。象征理性的维吉尔只能在"人间天国"里充当诗人的引路者，象征信仰的贝特丽丝才有资格带领诗人进入"天上王国"。这说明，但丁还是将信仰置于理性之上的。

作为新旧交替时期的诗人，但丁不可能不接受中世纪文化的洗礼。虽然但丁的立意是属于中世纪的，但是另一方面《神曲》中表现出的深刻批判精神和新思想的萌芽，则使诗人成为文艺复兴新时期即将到来的预言者。

写给青少年的
美学故事

但丁的小舟

此图描绘了《神曲·地狱篇》中的一节，表现了但丁（戴红头巾的男子）同维吉尔乘小舟渡过地狱之湖时，受到永久惩罚的死亡者企图爬到小舟上的情景。

鲍桑葵指出：对于《神曲》而言，"中心兴趣在于灵魂们的命运，尤其是诗人的灵魂的命运。再没有任何作品更富于普遍性，再没有任何作品更富于个性了，甚至再没有任何作品更富于作者个人的悲欢恩怨色彩了。它是我们尝试探索的一个长期的运动的高潮。"[1]

《神曲》插图 羊皮纸·油彩 1490 年 波提切利
波提切利为但丁的《神曲》绘制了大量的插图，这幅画对地狱的描绘有点像中国传说中的奈何桥。

"整个中世纪，诗人们都是在有意识地避开自己，而他是第一个探索自己灵魂的人。主观的感受在这里有其充分客观的真实和伟大。"[2] 例如，但丁在政治上主张"消除一切社会弊病，由帝国管理世界，由教会培育灵魂"。像后来的人文主义者一样，但丁崇拜古希腊罗马文化、人文主义精神，强调艺术模仿自然，尊崇人的个人情感和个性自由，以及对自由意志的强调。"他是寻求自由而来的；自由是一件宝物，有不惜牺牲性命而去寻求的呢。""研究哲学的大概都要知道：自然取法乎神智和神意。艺术取法乎自然，好比学生之于老师。所以你可以说：艺术是上帝的孙儿。"

但丁是中世纪的最后一位诗人，也是新时代的第一位诗人，他已经在轻叩文艺复兴之门。

"我们并不休息，
我们一步一步向上走，他在前，我在后，
一直走到我从一个圆洞口望见了天下美丽的东西；
我们就从那里出去，再看见那灿烂的群星。"

——但丁

①鲍桑葵：《美学史》第 202 页，商务印书馆 1985 年版。
②雅各布·布克哈特：《意大利文艺复兴时期的文化》第 307 页，商务印书馆 1979 年版。

第二章

达·芬奇的画论

　　一个女人，身着华丽的连衣裙，梳着时髦的贵族发型，一缕缕鬈发散在双肩，体态丰满，两颊绯红，纤指曼妙，玉手如兰，那神奇而专注的目光，那柔润而微红的面颊，那由内心牵动着的双唇，那含蓄、模棱两可的微笑所流露出的讥讽与挑衅，拷问着人类的理性，成为一个难解的历史悬谜：她到底是谁？向谁微笑？为何如此微笑？这就是法国著名的卢浮宫三件宝之一的《蒙娜丽莎》。《蒙娜丽莎》出自意大利文艺复兴时期的达·芬奇之手。

　　列奥纳多·达·芬奇（Leonardo Da Vinci，1452年4月15日～1519年5月2日），这个被恩格斯称为"巨人中的巨人"，是意大利文艺复兴时期——一个产生巨人的时代——最负盛名的艺术大师。以博学多才著称，在数学、力学、

达·芬奇自画像

光学、解剖学、植物学、动物学、人体生物学、天文学、地质学、气象学以及机械设计、建筑工程、水利工程等方面都有不少创见和发明。他随身带的笔记手稿已发现有7000多页，可惜没有完整的著作发表。

　　达·芬奇于1452年生于佛罗伦萨郊区芬奇镇。达·芬奇幼年的生活非常坎坷，他的母亲被丈夫遗弃后生下达·芬奇，母子二人生活非常贫困，村人都说他是私生子，因此并无冠上父姓，其名字在意大利文中是"芬奇村的列奥纳多"之意。

天才少年

　　"上天有时将美丽、优雅、才能赋予一人之身，他之所为，无不超群绝寰，显示出他的天才而非人间之力。"①

少年的他，天资聪颖，仪表俊美，举止优雅，对事物充满好奇和认真研究的可贵品质。天资引领年轻的他注定创造出一个又一个奇迹。

他曾提出一些数学难题让其教师无法解答。

他能作词作曲，而且能即席伴奏演唱。

他臂力过人，能徒手轻易折弯一个马蹄铁。

他能画一个逼真的盾牌，而其父亲看后，逼真到让他父亲恐慌而逃，那时，他还是个14岁的孩子。从而被称为小画家。

他能通过观察千只鸡蛋而练习画蛋，提高自己的绘画基本功。

图中的这位老人在助手的帮助下正聚精会神地做着实验，左手飞快地记录着实验结果。若不是身后墙壁上的人体速描和《蒙娜丽莎》表明了他的真实身份，可能不会有人想到他就是"科学家"达·芬奇。

达·芬奇曾以军事工程师、建筑师、画家、雕刻家和音乐师的身份为米兰公爵工作了17年之久。

理想和对梦想的忠诚促使他没有停止自己的探索脚步，他一生都在为梦想而奋斗，创造着奇迹。

他还曾研究过人的眼球，设计光学仪器。

51岁的他盼望着像鸟儿一样扇动起飞翔的翅膀，但用手臂和双腿驾驭的飞行器片刻间就摔碎了飞行的梦想。

他曾试图雕塑世界上最大的骑士青铜雕像，而重达10吨的金属溶液和千百次破碎的模具不得不让他把骑士改成步行的姿势。在他死后100年，西班牙人继续尝试这一技法，才建立起一座马上骑士的纪念碑。

他曾做出"太阳是不动的"结论，早在哥白尼之前就否定了地球中心说，并幻想过去利用太阳能。

他曾根据自己的解剖试验画出有史以来第一幅有关动脉硬化的解剖图。

达·芬奇1485年设计的降落伞草图，日后，被一个英国男子用它

①转引自阎国忠主编：《西方著名美学家评传》上卷第442页，安徽教育出版社1991年版。

"我不曾被贪欲或懒散所阻挠，阻挠我的只是时间不够。"
——达·芬奇

制成了降落伞。

达·芬奇为土耳其横跨两大洲的伊斯坦布尔市绘制了一幅美妙绝伦的拱形桥设计草图，500 年后，设计师根据这个草图，把它架设在挪威首都奥斯陆，"成功地证明了达·芬奇设计该桥的原理是可行的"。这座桥叫作"蒙娜丽莎桥"。

他仅用 12 幅完整的作品就奠定了最伟大的画家的地位。

1519 年 5 月 2 日达·芬奇去世于安伯瓦兹。

达·芬奇的生命是一条没有走完的道路，路上洒满了未完成作品的零章碎页。他留给后人 12 幅绘画作品和 7000 多页手稿、设计图。《论绘画》是后人从达·芬奇 18 本笔记中抽取出来编撰而成的，有人称它是整个艺术史上最珍贵的文献。

科学史家丹皮尔这样评论道："如果他当初发表他的著作的话，科学本来一定会一下就跳到一百年以后的局面的。"达·芬奇无论是在艺术领域，还是在自然科学领域，都取得了惊人的成就。他的眼光与科学知识水平超越了他的时代。

写给青少年的
美学故事

绘画是一种科学

一位达·芬奇的传记作者对《最后的晚餐》是这样评价的："科学和艺术成了婚，哲学又在这种完美的结合上留下了亲吻。"

> **美学辞典**
>
> **文艺复兴**：是 14 世纪至 16 世纪在欧洲兴起的一个思想文化运动。普遍认为文艺复兴发端于 14 世纪的意大利（文艺复兴一词就源于意大利语 Rinascimento，意为再生或复兴，此词经法语转写为 Renaissance，17 世纪后为欧洲各国通用）。它是古希腊、罗马帝国文化艺术的复兴。新兴资产阶级认为中世纪文化是一种倒退，力图复兴古典文化——而所谓的"复兴"其实是一次对知识和精神的空前解放与创造。文艺复兴时期的作品，集中体现了人文主义思想。

达·芬奇说："正确的理解来自以可靠的准则为依据的理性，而正确的准则又是可靠的经验，亦即一切科学与艺术之母的女儿。"而"我们的一切知识来源于我们的感觉。"[1]这构成了达·芬奇全部美学思想的哲学基础。

他是个经验论者。一切真科学都是通过我们感官经验的结果。罗素解释说："所谓经验主义即这样一种学说：我们的全部知识（逻辑和数学或许除外）都是由经验来的。"[2]

达·芬奇指出："一切可见的事物一概由自然生养。"达·芬奇认为"绘画是自然界一切可见事物的模仿者"，是"自然的合法的女儿，因为它是从自然产生的，我们应当称它为自然的孙儿。"绘画"可以让人在一瞥间同时见到一幅和谐匀称的景象，如同自然本身一般。"

因为绘画依靠视觉，所以它的成果极其容易传给世界上的一切时代的人。眼睛能把整个世界的美尽收眼底。达·芬奇继承了古希腊的"艺术就是对自然的模仿"的现实

最后的晚餐　达·芬奇　885×497厘米　现藏于米兰格拉齐圣玛利亚修道院

①达·芬奇：《达芬奇论绘画》，人民美术出版社1979年版。
②罗素：《西方哲学史》下卷第139页，商务印书馆1976年版。

美学辞典

人文主义： 人文主义主要被用来描述 14 到 16 世纪间较中世纪比较先进的文艺复兴时期的思想。人文主义以人而不是以神，尤其是个人的兴趣、价值观和尊严作为出发点。主张个性解放，反对中世纪的禁欲主义和宗教观；提倡科学文化，反对蒙昧主义，摆脱教会对人们思想的束缚；肯定人权，反对神权，摒弃作为神学和经院哲学基础的一切权威和传统教条；拥护中央集权，反对封建割据。人文主义这个词很晚才出现，它来自于拉丁文中的 humanitas，古罗马作家西塞罗就已经使用过这个词了。德国启蒙运动时代的哲学家将人类统称为 Humanitat，当时的人文主义者称他们自己为 humanista。而 Humanism 这个词却一直到 1808 年才出现。现代的人文主义开始于启蒙运动。

主义学说，认为"假如你不是一个能用艺术再现自然一切形态的多才多艺的能手，也就不是一位高明的画家。"

写给青少年的
美学故事

他提出了著名的"镜子比喻"。认为"镜子为画家之师"。"画家的头脑应该像一面镜子，经常把所反映的事物的色彩搬进来，面前摆着多少事物，就摄取多少形象。"但是画家应该研究普遍的自然，要运用组成每一事物的类型的那些优美的部分，用这种办法，他的心就像一面镜子，真实地反映面前的一切，就会变成好像是第二个自然。而这个反映的是"必然性是自然界的指导者和抚育者。必然性是自然界的主题和发明者，既是控制力，又是永恒的规律。"所以，"画家与自然竞赛，并胜过自然。"

达·芬奇的美学思想概括起来就是美是和谐的固定形式。达·芬奇说："美感完全建立在各部分之间神圣的比例关系上，各特征必须同时作用，才能产生使观者往往如醉如痴的和谐比例。"而人体比例是最神圣的比例。

在论及绘画艺术的性质与美学特征时，达·芬奇认为绘画比诗歌更具有直观的真实性，比音乐更富有形象性、客观性和视觉感受的真实性；比雕塑更富有色彩；总之，绘画是一门最富有创造性的、最自

"绘画就是哲学，因为它要表现事物运动中的瞬间情况。"

——达·芬奇

这双优美而温柔的眼睛里带着深不可测的意味，奇怪的是，这双眼睛竟没有睫毛，原因是修复此画的人考虑到当时佛罗伦萨流行剃眉的美容术，却不慎将睫毛连同眉毛一起给修掉了。

画家非常精巧地描绘出胸上衣饰的链状刺绣图案。有人说这正是达·芬奇的签名方式。因为意大利文中"链接"是Vincolare，这似乎和达·芬奇(Da Vinci)名字中的"Vinci"有着一定关系。

这个微笑是美术史上最大的谜之一，引得众说纷纭，其微微翘起的嘴角左右不太匀称，嘴唇轮廓不太清晰，画家运用晕涂法使光与影微妙地融合，创造出独特的效果。

背景山水幽深茫茫，淋漓尽致地表现出画家那奇特的烟雾状"空气透视"般的笔法。达·芬奇对同时期画家所画的恬静派风景十分反感，而偏好描绘散发神秘气息的自然景观。

这是一双被认为是美术史上画得最美的手，比例精确、丰满柔嫩。她优雅的姿势，也流露出平和、沉稳的心境。

由的艺术。这样，达·芬奇就总结出了绘画的美学特征：自然性、真实性、直观性、客观性、永久性、创造的自由性。而"绘画里最重要的问题，就是每一个人物的动作都应当表现它的精神状态，例如欲望、嘲笑、愤怒、怜悯等在绘画里人物的动作在种种情形下都应当表现它们内心的意图。"

"上帝有时候过于垂青一个人，要将所有的优点集于一个人的身上。"
——《达·芬奇传》

达·芬奇说："美感完全建立在各部分之间神圣的比例关系上，各特征必须同时作用，才能产生使观者往往如醉如痴的和谐比例。"为了能够创造出更为真实的第二自然，在绘画技巧上，达·芬奇非常重视自然科学在绘画中的作用，达·芬奇研究透视学、色彩学、解剖学、比例学和构图学等科学。用这些科学的理论来指导自己的绘画。例如：他就亲自解剖过30多具尸体。他认为"透视学是绘画的缰辔和舵轮"。达·芬奇还提出创造性的色透视法，打破了欧洲两千余年来绘画以轮廓线为主体的传统。

达·芬奇在绘画理论和创作上取得的成就，结束了"绘画是工艺"的时代，开创了"绘画是以科学为基础的艺术"的时代。所以达·芬奇说："绘画，实际上是科学和大自然的合法女儿。"

达·芬奇是意大利文艺复兴时期第一位画家，也是整个欧洲文艺复兴时期最杰出的代表人物之一。他是一位思想深邃、学识渊博、多才多艺的艺术大师、科学巨匠、文艺理论家、大哲学家、诗人、音乐家、工程师和发明家。

写给青少年的
美学故事

他在几乎每个领域都做出了巨大的贡献。后代的学者称他是"文艺复兴时代最完美的代表"，是"第一流的学者"，是一位"旷世奇才"。所有的，以及更多的赞誉他都当之无愧。

达·芬奇所写的《绘画论》是文艺复兴时期艺术美学理论的经典著作。达·芬奇把人文主义的自然观同科学的形式主义美学完美地结合起来，和米开朗琪罗和拉斐尔等艺术家一起把艺术推向了西方造型艺术继古希腊之后的第二次高峰，预示着文艺复兴的到来。

蒙娜丽莎　达·芬奇　意大利　现藏于巴黎卢浮宫

第三章
王夫之论诗

　　王夫之（1619～1692年）字而农，号姜斋，中年别号卖姜翁、壶子、一壶道人等。晚年隐居衡阳金兰乡（今曲兰乡）之石船山附近，自号船山老农、船山遗老、船山病叟等，学者称为船山先生。湖南衡阳人，中国明末清初启蒙学者、唯物主义哲学家。

　　王夫之出生于一个书香世家，父亲、叔父、兄长都是饱学之士，他自幼受家学熏陶，从小颖悟过人。4岁入私塾读书，7岁读完了《十三经》，被视为"神童"。14岁考中秀才，自16岁时开始学习"韵学韵语，阅读今人所作诗不下万首"。1642年，24岁的王夫之与大哥在武昌考中举人。

　　1638年（明崇祯十一年），19岁的王夫之来到长沙岳麓书院读书。王夫之在这里饱览藏书，专注学问，与师友们"聚首论文，相得甚欢"。他关心动荡的时局，与好友组织"行社"、"匡社"，慨然有匡时救国之志。清军入关后，他上书明朝湖北巡抚，力主联合农民军共同抵抗清军。1647年，清军攻陷衡阳，王夫之的二兄、叔父、父亲均于仓皇逃难中蒙难。次年、他与好友管嗣裘等在衡山举兵抗清，败奔南明，后被永历政权任为行人司行人。为弹劾权奸，险遭残害，经农民军领袖高一功仗义营救，始得脱险。逃归湖南，隐伏耶姜山。1652年，李定国率大西农民军收复衡阳，又派人招请王夫之，他"进退萦回"，终于未去。从此，隐伏湘南一带，过了3年流亡生活。曾变姓名扮作瑶人，寄居荒山破庙中，后移居常宁西庄源，教书为生。伏处深山，常常是"严寒一敝麻衣，一襁袄而已，厨无隔夕之粟"。刻苦研究，勤恳著述，历40年"守发以终"（始终未薙发），拒不入仕清朝，最后以明遗臣终生。

　　51岁时他自题堂联："六经责我开生面，七尺从天乞活埋"，其治学以"六经责我开生面"为宗旨，力图"尽废古今虚妙之说而返之实"，反映出他的学风和志趣。71岁时他自题墓石："抱刘越石之孤忠"、"希张横渠之正学"，表白他的政治抱负和学风。

"其学无所不窥，于六经皆有发明，洞庭之南，天地之气，圣贤学脉，仅此一线耳。"王夫之学识极其渊博，举凡经学、小学、子学、史学、文学、政法、伦理等各门学术，造诣无不精深，天文、历数、医理、兵法乃至卜筮、星象亦旁涉兼通，且留心当时传入的"西学"。他的著述存世的约有73种，401卷。所著后人编为《船山遗书》。

章炳麟称："明末三大儒，曰顾宁人（顾炎武）、黄太冲（黄宗羲）、王而农（王夫之），皆以遗献自树其学。"

谭嗣同称王夫之："五百年来学者，真通天下之故者，船山一人而已。"

王夫之在哲学上总结和发展了中国传统的唯物主义，认为"尽天地之间，无不是气，即无不是理也"，以为"气"是物质实体，而"理"则是客观规律，王夫之坚持"理依于气"的气本论。指出："盖言心言性、言天言理，俱必在气上说，若无气处，则俱无也。"

他强调"天下唯器而已矣"，"无其器则无其道"，"尽器则道在其中"，从"道器"关系建立其历史进化论。得出了"据器而道存，离器而道毁"的结论。《周易》中说：形而上者谓之道，形而下者谓之器。道、器由此而来，王夫之认为：器也，变通以成象。道也，圣人之义所藏也。形而上是当然之道，形而下则是一类事物的具体形态。他的观点最重

林榭煎茶图 明 文徵明
此画表现了文人悠闲、恬淡的生活情趣。这是对文人自身生活的描绘，抑或是对理想生活的向往。

要的是：当然之道必依附于具体事物。即：道应依附于器。

在知、行关系上，强调行是知的基础，反对陆王"以知为行"和禅学家"知有是事便休"的论点，得出了"行可兼知、而知不可兼行"的重要结论。人性论上，王夫之反对程朱学派"存理去欲"的观点。他认为物质生活欲求是"人之大共"、"有欲斯有理"。"私欲之中，天理所寓"。认为人既要"珍生"又要"贵义"。

王夫之善诗文，工词曲，论诗多独到之见。

王夫之的诗学美学说是中国古典诗学美学的总结。中国古典美学融汇了"儒、释、道"三家美学思想，提出了一系列如"文与道、情与理、景与情、意与势、形与神、虚与实、通与变"等审美概念，使艺术表现达到"美与善""情、景、理""人与自然"的浑而合一的完善境界。

王夫之诗学思想的核心就是"内极才情，外周物理"。王夫之认为，对于作家来说，最重要的就是要"内极才情，外周物理"，要经过作者主观的艺术创造，去反映客观事物的本质和规律。

王夫之区分了大家和小家，认为能达到内极才情，外周物理的就是大家，这也是王夫之提出的关于诗歌创作的基本原则或理想，是伟大诗人所能企及的最高境界。

"意不逮辞，气不充体，于事理情志全无干涉，依样相仍，就中而组织之，如廛居栉比，三间五架，门庑厨厕，仅取容身，茅茨金碧，华俭小异，而大体实同，拙匠窭人仿造，即不相远：此谓小家。李、杜则内极才情，外周物理，言必有意，意必由衷；或雕或率，或丽或清，或放或敛，兼该驰骋，唯意所适，而神气随御以行，如未央、建章，千门万户，玲珑轩豁，无所窒碍：此谓大家。"

"才情"，即灵心巧手、文心笔妙。"内极才情"是诗人灵心巧手的充分展现，是即物达情、文心独运的艺术表现力或创造力的高超发挥。"理"是天地万物运动、变化、发展的规律。物理，即万物之理、人情物理或人伦物理。"外周物理"意味着与物通理，理随物显，呈现神理，得写神之妙。

王夫之认为佳作以物象呈现物理或神理。他说："字中句外，得写神之妙"，认为古之为诗者"以一性一情周人伦物理之变而得其妙"。神理就是"神化之理，散为万殊而为文，丽于事物而为礼"，亦即"通天地万物之理而用其神化"。"神"，不仅在天地万物，也在人。王夫之说，人为得万物神气之秀而最灵者，"神之有其理，在天为道，凝于人为性"。[1]

在先秦时期，就已产生了"诗言志"和"缘情"的争论。所谓"诗言志，歌永言，声依永，律和声"成了儒家诗论的标志性表述。后来，《毛诗序》又提出："发乎情，止乎礼义"。在魏晋时期，陆机在《文赋》中重提"诗缘情而绮靡"，确认诗的本质属性产生于人的情感。"情"与"礼"的争论发展到宋、元转化成"情"、"理"之争。严羽所谓诗"不涉理路，不落言筌"对诗歌理论影响很深。后来，李贽倡导"童心"说，公安三袁有"性灵"说。[2]

写给青少年的
美学故事

王夫之能博采众家所长，成一家之言。他说："曲写心灵，动人兴观群怨。"他指出，诗歌既要表现情，又要表现理。而这种理，不是道学家的道德教训；这种情不是公安派等流弊所在的俗艳轻浮之情。王夫之指出，主张言志、载道的主理派偏重于诗的教化作用而又忽视了诗的审美价值，而主张诗缘情、摅性灵的主情派往往偏于诗的审美独立性，而忽视诗歌中情理互渗的特征。"诗以道性情，道性之情也。性中尽有天德、王道、事功、节义、礼乐、文章，却分派于《易》、《书》、《礼》、《春秋》去，彼不能代诗而言性之情，诗亦不能代彼也。"

王夫之指出，诗歌和音乐一样，都是人的"心之元声"的体现。他指出："诗以道情，道之为言路。诗之所至，情无不至。情之所至，诗以之至。"他提出诗歌应该是人的真实情感的流露，是对唐代白居易的"诗根情"的继承和发展。他划分了"浪子之情"与"诗情"的界限。他说："经生之理，不关诗理，犹浪子之情，无当诗情。"王夫之说："诗言志，非言意也。诗达情，非达欲也。"他认为理与情是和谐统一的，诗理应寓于形象之中。

王夫之承接了刘勰在《文心雕龙》里"登山则情满于山，观海则意溢于海"的说法，丰富了传统的"情景说"，形成了以情景相生、情景交融、情景合一为纲领的情景说。王夫之对中国古代的情景说作

①参见：崔海峰：《王夫之诗学中的"内极才情，外周物理"论》，载《社会科学辑刊》2005年第4期。
②参见：孙振玉：《论王夫之审美意象说与老子美学境界》，载《石油大学学报》（社会科学版）2005年第21卷第5期。

了全面而系统的总结，其情景说也体现着中国古代美学和古代艺术的基本精神。

他认为情景二者"虽有在心、在物之分"，但在任何真正美的艺术的创造中，景生情，情生景，二者是相辅相成、不可割裂的。精于诗艺者，就在于善于使二者达到妙合无垠、浑然一体的境界。他说："情景名为二，而实不可离。神于诗者，妙合无垠。巧者则有情中景，景中情。景中情者，如'长安一片月'，自然是孤栖忆远之情；'影静千官里'，自然是喜达行在之情。情中景尤难曲写，如'诗成珠玉在挥毫'，写出才人翰墨淋漓、自心欣赏之景。"二者相比较，王夫之认为"情中景"更难写。

王夫之像

王夫之认为情景是不可分离的，说："情景虽有在心在物之分，而景生情，情生景，哀乐之触，荣悴之迎，互藏其宅。"王夫之生动地指出"情、景"内在统一，便可以构成审美意象。"景中生情，情中含景，故曰，景者情之景，情者景之情也。高达夫则不然，如山家村筵席，一荤一素。"而且是情景同时产生的："夫景以情合，情以景生，初不相离，唯意所适"。

真正美的艺术创作，自觉做到与追求"情、景、意"的统一，应该"含情而能达，会景而生心，体物而得神"。一片风景就是一幅心灵的图画，一种情感就是一片风景的化身；真正的艺术世界，是景化了的情感世界，是情化了的景的世界。这其实就是王夫之所说的"化境"。"含情而能达，会景而生心，体物而得神，则自有灵通之句，参化工之妙。"①

船山墓庐上的石刻对联，可谓对其一生盖棺论定："前朝干净土，高节大罗山。世臣乔木千年屋，南国儒林第一人。"

① 参见：刘泽民：《王夫之情景说阐释》，载湖南大学学报（社会科学版）第14卷第3期。

第四编
理性精神的 17 世纪美学

17 世纪西方的自然科学获得了进一步发展，这一时期的美学思想汲取了自然科学发展的最新成果，产生了理性主义、经验主义等美学思想，尝试用自然科学的方法研究美学问题。

第一章
笛卡儿为理性主义美学奠基

勒奈·笛卡儿（1596年～1650年），法国哲学家、数学家、物理学家。他对现代数学的发展做出了重要的贡献，因将几何坐标体系公式化而被认为是"解析几何之父"。

笛卡儿堪称17世纪及其后的欧洲哲学界和科学界最有影响的巨匠之一，被誉为"近代科学的始祖"。

他还是西方现代哲学思想的奠基人，黑格尔称他为"现代哲学之父"，"是一位了不起的英雄"。

笛卡儿的父亲是地方议会的议员，同时也是地方法院的法官，母亲是名门闺秀。笛卡儿是第四个孩子，其上有大哥及二姐，三哥早年夭折。笛卡儿诞生不久，母亲便因肺病去世。当时他那幼小的生命亦陷于垂危之中，甚至医生也断定没有生存的希望。幸亏一位热心的护士悉心照顾，方使他起死回生。也许就是为了这个缘故，他的名字叫重生。

他对周围的事物充满了好奇，从小养成了喜欢安静，善于思考的习惯。父亲见他颇有哲学家的气质，亲昵地称他为"小哲学家"。可是他们父子俩相处得并不融洽，他自己曾经说，他是父亲最不喜欢的孩子。他与兄弟之间的感情，似乎也不怎么深厚。可能是因为这个缘故，他经常离乡背井单独外出旅行，并且对待朋友特别情深。在他小时候的玩具中，他最喜欢一个斜视的洋娃娃，因而长大以后，他对于具有缺陷的人一直特别怀有好感。

笛卡儿在科学上的贡献是多方面的，他著有关于生理学、心理学、光学、代数学和解析几何学方面的论文和专著，而他的"普遍怀疑"和"我思故我在"的哲学思想对后来的哲学和科学的发展，产生了极大的影响。同时他也是理性主义美学的奠基人。

在他 8 岁时，笛卡儿就进入拉夫赖士的耶稣会学校接受教育，受到良好的古典文学以及数学训练。笛卡儿的老师对他的评价是：聪明，勤奋，品行端正，性格内向，争强好胜，对数学十分喜爱并具有这种能力。他对学校的旧的教育方式不满，气愤地称他所学的教科书是博学的破烂。

1613 年到巴黎学习法律，1616 年毕业于普瓦捷大学。他的父亲想使他增长见识，所以在 1617 年带他到花都巴黎。但是他对都市里豪华放荡的生活丝毫不感兴趣，吸引他的唯有与数学有关的赌博。据说他演算精明，料事如神，多次使庄家倒庄。

1617 年的一天，笛卡儿在大街上闲逛，偶然发现墙上贴有一张广告，他因好奇心的驱使，去看个究竟。然而，广告是用荷兰文写的，笛卡儿不认识。他抬起头来，四处张望，希望能找到一个懂荷兰文的人替他翻译一下。正好，有一个人走过来了，笛卡儿迫不及待地跑过去，请求他把广告翻译出来。那个人凑巧是荷兰大学校长，很高兴地把广告给笛卡儿翻译成法语。原来广告上是一道几何难题，公布于众，悬赏征求解答。笛卡儿理解了题目的意思后，在数小时内就求得了解答，锋芒初露，使他看到自己在数学上的才能。

写给青少年的
美学故事

笛卡儿决心游历欧洲各地，专心寻求"世界这本大书"中的智慧。因此他于 1618 年在荷兰入伍，随军远游。那是 1619 年 11 月 10 日的夜晚，笛卡儿连续做了三个奇特的梦。第一个梦是：自己被风暴从教堂和学校驱逐到风力吹不到的地方；第二个梦是：自己得到了打开自然宝库的魔钥；第三个梦是：自己背诵奥生尼的诗句"我应该沿着哪条人生之路走下去？"。正是因为这三个梦，笛卡儿明确了自己的人生之路，可以这样说，这一天是笛卡儿一生中思想上的转折点。因而有人说，笛卡儿梦中的"魔钥"就是建立解析几何的线索。有些学者也把这一天定为解析几何的诞生日。

1621 年笛卡儿退伍，并在 1628 年移居荷兰。他写道："在这个国家里，可以享受充分的自由；在那里可以毫无危险地安然入睡。"在那里住了 20 多年，为了"隐藏得好的人才活得好"这个座右铭，更换

"给我物质和运动，我将造出这个世界。"

——笛卡儿

此图描绘了笛卡儿的故乡莱耳市的建筑群。

了多次住所，但通常都是选择在一座大学或著名的图书馆附近。他的收入允许他租用一所小别墅，并雇佣几个佣人。他终生没有结过婚，不过住在荷兰期间，有过一位名叫海伦的情妇，她为笛卡儿生了一个女孩。笛卡儿非常爱她，可惜这个女孩5岁就夭折了，"这是他平生最大的悲伤"，为此笛卡儿伤心了很久。他把一生献给了对真理的追求与探索。

笛卡儿分析了几何学与代数学的优缺点，表示要去"寻求另外一种包含这两门科学的好处，而没有它们的缺点的方法"。体质虚弱的笛卡儿病倒了。他躺在病床上，依然思索着数学问题。突然，他的眼前一亮，一股脑儿从床上坐起来，目不转睛地望着天花板。原来，笛卡儿看到一只蜘蛛正忙忙碌碌在墙角结茧。它一会儿在天花板上爬来爬去，一会儿又顺着吐出的银丝在天空中移动。有时它离左壁近，离右壁远，离地面低；有时它又离左壁远，离右壁近，离地面高。总之，随着蜘蛛的爬动，它和两面墙的距离以及地面的距离，也不断地变动着。笛卡儿从蜘蛛结茧又联想起在军队时做过的梦，于是决定用点到两条垂直直线的距离来表示点的位置，这就是笛卡儿坐标。有了笛卡儿坐标，就可以把几何问题用代数方法来进行研究。笛卡儿创建了一门新的数学分支——解析几何。解析法的诞生，为解答几何三大难题奠定了基石。恩格斯高度评价笛卡儿的工作，他说："数学中的转折点这个想法很重要，它的指导思想是笛卡儿的变数。有了变数，运动进入了数学，有了变数，辩证法进入了数学。"

在荷兰，笛卡儿写完了自己的《几何》，这一著作不长，但堪称几何学著作的珍宝。他在荷兰发表了多部重要的文集，包括了《方法论》、《形而上学的沉思》和《哲学原理》等。巴特菲尔德对其《方法论》作了高度评价：

"因此，要爱理性，让你的一切文章永远只从理性获得价值和光芒。"

——布瓦洛

"它是我们文明史上最重要的著作之一。"

1649 年 2 月，瑞典女王克里斯蒂娜（Queen Christina）邀请笛卡儿到瑞典皇宫教她哲学。"克里斯蒂娜是一个热情而博学的贵妇，自以为她既然是君主，有权浪费伟人的时间。他寄赠她一篇关于爱情的论著，这是直到那时候他向来有些忽视的题目。"她每星期要听三次他的课，但必须在清晨 5 时给她讲授。他习惯晚起，但是现在要一星期有三天必须半夜起床，然后在酷冷的天气下，从他的寓所颤抖地走到女王的书房上课。如此经过了两个月，1650 年 2 月 1 日清晨，笛卡儿因为着凉患了感冒，很快地又转成肺炎，病情严重。1650 年 2 月 11 日，不幸在这片"熊、冰雪与岩石的土地"上与世长辞了。1667 年，他的遗骸被运回巴黎，隆重地埋葬在圣格内弗埃——蒙特的圣堂中。1799 年，法国政府又把他的遗骸供在法国历史博物馆中，与法国历史上的光荣人物在一起。1819 年以后，他的遗骸又被安置在柏雷斯的圣日曼教堂中，供人瞻仰。墓碑上写着：笛卡儿，欧洲文艺复兴以来第一个为人类争取并保证理性权利的人。

写给青少年的
美学故事

我思故我在

笛卡儿认为："我们之所以有别于野人和牲畜，只是因为有哲学。而且应当相信，一个国家的文化和文明的繁荣，全视该国的真正哲学

此图描绘的是笛卡儿给瑞典女王克里斯蒂娜上哲学课的情形。

家繁荣与否而定。"正是基于这样的信条，笛卡儿开始了欧洲理性主义的哲学。

培根也曾明确地说过："通过在我们时代已开始习以为常的远距离的航海和旅行，人们已揭露和发现了自然界中许多可使哲学得到新的光亮的事物。"这说明那个时代需要的是理性，而不是对教条的信仰。

伽利略对木星有若干卫星、卫星像月亮围绕地球那样绕着木星转这一发现印象尤其深。所有这一切证据都使他确信哥白尼理论的正确性。这对哲学和神学是一次粉碎性的、令人吃惊的打击。他的发现对富有思想的人们的影响是不可抵挡的。

伽利略肖像画
他在宗教法庭酷刑的威逼下，被迫当众宣布放弃其异端的观点。

"一切都破碎了，一切都失调了。"不过，这一时期中，知识界有两位领袖并没因这种表面上的混乱而心烦意乱。他们是思想谨严的笛卡儿（1596 年～1650 年）和弗朗西斯·培根；他们指出了科学的潜力，并在上流社会中把科学提高到可与文学相比的地位。培根使用归纳法，归纳法是从事实开始的。

笛卡儿和培根看问题的方式完全不同。笛卡儿相信，通过清晰的思考，能发现理性上可认识的任何事物。到这一世纪末，笛卡儿的弟子已大量增加，不计其数。用一位历史学家的话来说："各大学都信奉笛卡儿哲学，侯爵、科学业余爱好者、柯尔贝尔和国王是笛卡儿哲学的信徒。法国将动词'使成为笛卡儿主义者'变位，欧洲热烈地仿效。"这种普及的意义在于，理性的探究和判断被扩展到各领域。所有的传统和权威都必须接受理性的检查。[①]

笛卡儿通过普遍怀疑的方法，指出不能信任我们的感官，想象把握不住事物的本质，而意志又常常犯错误。"要想追求真理，我们必须在一生中，把所有的事物都来怀疑一次。"他得出，"当我思维的时候'我'存在，而且只有当我思维时'我'才存在。假若我停止思维，'我'的存在便没有证据了。"所以，他必须承认的一件事就是他自己在怀疑。

---

① 参见 [美] 斯塔夫理阿诺斯：《全球通史》（1500 年后的世界），第十章《科学革命》。

而当人在怀疑时，他必定在思考，由此他得出"我思故我在"（I think，therefore I am）。

笛卡儿将此作为形而上学中最基本的确定性，由此点出发，笛卡儿便开始动工重建知识大厦。他认为宇宙中共有两个不同的实体，即精神世界和物质世界（"灵魂"和"广延"），两者本体都来自于上帝，而上帝是独立存在的。他认为，只有人才有灵魂，人是一种二元的存在物，既会思考，也会占空间。

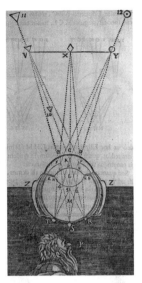

"'我'是一个作为思维的东西：其全部本性或本质在于思维作用，而且为了它存在并不需要有场所或物质事物。""由于思维是精神的本质，精神必定永远在思维，即使熟睡时也如此。"要理解人脑从哪里获得思想，笛卡儿则回答道："天使会告诉我。"而动物只属于物质世界。[①]

笛卡儿的《论人》被看作是第一部生理学著作，该图显示了对图像的感官认知过程与肌肉反应之间的假想关系。

他"把人和动物的肉体看成机器；动物在我看来完全是物理定律支配，缺乏情感和意识的自动机。"

写给青少年的
美学故事

能思维的人是美的，具有秩序的、规律的自然是美的，用理性指导的人类行为是美的。在笛卡儿看来，上帝就是"灿烂的光辉之无与伦比的美"。从天体到数量，都是上帝的作品，是美的载体，在纷繁的万物之下潜藏着和谐有序的自然规律，研究自然事物的规律就是观照上帝的美，无知就是最无意义的生活。因此，对称、简单、和谐等成为科学家广泛谈论的话题。笛卡儿是最先提出和确立科学美学信念的哲学家之一。

在西方美学史上，近代理性主义美学几乎是被遗忘的角落。正如鲍葵所指出："严格意义上的哲学在这一时期几乎完全没有在任何名目下讨论过美学问题。"美学之于这些理性主义者，或许是意外的收获。而"这个理性主义对新古典主义时代的文艺实践和理论却产生了广泛和深刻的影响。"最主要的影响就是为审美制定了规则，一切都有一个中心的标准，一切要有法则，一切要规范化，一切要服从权威，而这就是"理性"，也就是"良知"，是普遍人性。只有来源于理性，依于理性，文艺才有其普遍标准。

---

①参见罗素：《西方哲学史》笛卡儿一章，商务印书馆1980年版。

第二章
英国经验主义美学的兴起

　　十七八世纪的英国，在欧洲是一个先进国家，资产阶级革命和工业革命在英国比在其他欧洲国家都早一百多年。政治上的"自由"概念，宗教上的"自然神"概念，哲学上的经验主义以及文学上反映上升资产阶级要求、侧重情感和想象的浪漫主义理想都是由英国传到欧洲大陆的。

　　法德两国的启蒙运动在很大程度上都受到英国的影响。恩格斯谈到英国思想家对法国启蒙运动的影响时曾经指出："如果法国在上世纪末给全世界做出光荣的榜样，那么我们也不能避而不谈这个事实：英国还比他早150年就已做出了这个榜样。"18世纪法国哲学家所"阐明的那些思想是产生在英国的"，这番话也适用于德国启蒙运动。

　　在美学方面，这个时期的英国美学著作和文艺实践也成为法德等国美学思想发展的推动力。英国戏剧的成就帮助了狄德罗和莱辛发展出市民剧的理论，打破了新古典主义的束缚；英国小说的成就帮助了卢梭和其他法国作家发展出反映市民现实生活的小说，英国带感伤气氛的歌颂自然的诗歌在欧洲唤醒了浪漫主义的情调。

　　虽然英国经验主义美学家们在个别代表的成就上没有人比得上狄德罗和莱辛，但是它们所代表的倾向对西方美学思想发展的影响却不是狄德罗和莱辛所能比拟的。他们有力地证明了感性认识的直接性和重要性以及目的论和先天观念的虚幻性，对莱布尼茨的理性主义树立了一个鲜明的对立面，推进了经验主义的发展。正是经验主义美学与理性主义美学的对立才引起了康德和黑格尔等人企图达到感性和理性的统一。英国经验主义美学是德国古典美学的先驱。①

从 16 世纪末到 18 世纪中叶的西欧哲学，无论是大陆的理性主义，还是英国的经验主义，因为本体论问题受到中世纪的影响，都开始转向认识论，经验论和唯理论的分歧和论战，也都是围绕着认识论问题而展开的。因为侧重点在认识论问题，就是我们如何能认识这个世界的问题，所以，这两种学派有一个共同点，就是都关注认识主体，无论是作为思想着的还是感觉着的主体。笛卡儿的"我思故我在"体现着大陆唯理论的特征，而洛克的"我们的一切知识都是建立在经验上的，而且最后是导源于经验的。"可以作为英国经验论的旗帜。

不论是唯理论还是经验论，目的都是相同的，只是研究方法上的差别，或者说是所强调的重点不同。唯理论重理性，强调演绎，抬高理性的地位；经验论则强调从感性经验出发，重视对客观现象的差异，推崇实验，力求通过经验的分析和归纳的总结而得到真理。经验有两种，一为对外物的感觉，一为对内心活动的反省，这两种经验都离不开人的心理活动。强调经验归纳，必然强调心理活动，因为经验必然是心理活动和感觉的结果。

英国经验论美学就是建立在这样的经验论哲学的基础上和背景下的。因为哲学的本体论基础和认识方法的不同，所以得出的结论也不同。英国经验主义美学家把经验论强调主体感觉经验的世界观和倡导归纳和试验的方法应用到美学研究中，这样就必然要看重审美主体在审美活动中的作用，分析审美主体的感性经验的性质和特点。

英国经验主义美学把对审美主体的研究放在重要地位，随之就有

写给青少年的
美学故事

这是 17 世纪由不知名的画家所创作的培根的肖像。后人根据他的美学思想发展出了影响深远的经验主义美学。

① 《朱光潜全集》第 6 卷第 277 页，安徽教育出版社 1990 年版。

对审美经验相关的感觉、想象、情感、意志等问题的研究，这些方面成为经验主义美学家关注的主要问题，这个时期美学家的兴趣是艺术欣赏的主体，它努力去获得有关主体内部状态的知识，并试图用经验主义的手段去描述和解释这种状态，关注的不是美的本质是什么，美的对象的性质是什么，而是关心主体的心理体验和审美主体吸收、认知艺术作品的一切心理过程。

这个时期的英国经验论美学所获得的美学成果就是"内在感官说"和"审美趣味论"，有的学者把 18 世纪称为"趣味的世纪"。总之，在研究对象上，英国经验主义美学把审美主体和审美主体的经验作为研究的出发点，在研究方法上，强调审美经验和审美心理，侧重归纳和分析的方法。在概念的解释上，力图使古典的美学概念获得新意，从而把古典美学的成果包容进来。本章我们简短介绍培根、洛克的美学思想。

弗兰西斯·培根（Francis Bacon，1561 年 1 月 22 日～1626 年 4 月 9 日），英国散文作家、哲学家、政治家，是近代归纳法的创始人，又是给科学研究程序进行逻辑组织化的先驱，所以尽管他的哲学有许多地方欠圆满，他仍旧占有永久不倒的重要地位。

弗兰西斯·培根是新贵族出身，毕业于剑桥大学。毕业后从政。他的主要著作是《伟大的复兴》，包括《论学术的进展》和《新工具》两册。1621 年被指控犯有受贿罪而下台。培根过了五年退隐生活后，有一次把一只鸡肚里塞满雪作冷冻实验时受了寒，不久去世。他被称为"科学之光"、"法律之舌"，被马克思称为"现代实验科学的始祖"。

什么是观察试验呢？我们看看黑格尔所举的例子：人并不是停留在个别的东西上的，也不能那样做。他寻求共相；共相就是思想。"精神必须从差别上升到类。太阳的热与火的热是不一样的。我们看到葡萄在太阳热曝晒下成熟了。为了弄清太阳热是不是特殊的，我们又去观察别的热，发现葡萄在温室中也成熟了；这就证明太阳热并不是特殊的。"

什么是归纳呢？我们来看看培根自己的例子：单纯枚举归纳可以借一个寓言作实例来说明。昔日有一位户籍官须记录下威尔士某个村庄里全体户主的姓名。他询问的第一个户主叫威廉·威廉斯；第二个户主、第三个、第四个……也叫这名字；最后他自己说："这可是够腻了！他们显然都叫威廉·威廉斯。我来把他们照这登上，这样就可以休假了。"可是他错了；单单有

"读史使人明智，读诗使人灵秀，数学使人周密，科学使人深刻，伦理学使人庄重，逻辑修辞之学使人善辩；凡有所学，皆成性格。" ——培根

一位名字叫约翰·琼斯的。这表示假如过于无条件地信赖单纯枚举归纳，可能走上岔路。这个故事也说明归纳法的缺陷。

培根对自己的方法的评价是，它告诉我们如何整理科学必须依据的观察资料。他说，我们既不应该像蜘蛛（经院哲学家），从自己肚里抽丝结网，也不可像蚂蚁，单只采集，而必须像蜜蜂一样，又采集又整理。这话对蚂蚁未免欠公平，但是也足以说明培根的意思。

培根对于美学的贡献首先应从他的科学观点和科学方法去认识。由于他奠定了科学实践观点和归纳方法的基础，美学才有可能由玄学思辨的领域转到科学的领域，而在实际上由培根思想发展出来的英国经验派的美学也正是朝着科学的道路前进，特别是在对审美对象进行心理学的分析方面。

从古罗马西塞罗以后，美在于形状的比例和颜色，在西方已经成为流行的看法，培根却认为"秀雅合度的动作的美才是美的精华，是绘画所无法表现出来的。"这句话实际上区分了美与媚，以及说明了绘画不宜表现动作。还有，培根强调想象虚构、理想化和艺术家的灵心妙用的美学思想已经含有了浪漫主义的萌芽。[①]

总之，"我们需要用一个名字、一个人物作为首领、权威和鼻祖，来称呼一种作风，所以我们就用培根的名字来代表那种实验的哲学思考，这是当时的一般趋向。"[②]黑格尔如是说。

写给青少年的
美学故事

美只是一种观念

约翰·洛克（John Locke，1632 年～1704 年）出身贵族，清教徒，毕业于牛津大学，他原是学习古典文献的，但对亚里士多德和经院哲学感到厌恶，转向实验科学。

他精通医学、化学，1688 年成为皇家学会会员。洛克终身未婚，

①《朱光潜全集》第 6 卷第 226 页，安徽教育出版社 1990 年版。
②参见罗素《西方哲学史》和黑格尔《哲学史讲演录》。

著有《人类理智论》、《政府论》、《论宗教宽容的书信》等著作。英国哲学家、经验主义的开创人。他同时也是第一个全面阐述宪政民主思想的人，在哲学以及政治领域都有重要影响。

洛克是不列颠经验主义的开创者，认为心灵原本是一块白板，一个暗室或一张白纸，其中没有任何先验的观念或文字。我们的一切观念都来自经验。而向它提供精神内容的是经验（即他所谓的观念）。观念分为两种：感觉（sensation）的观念和反思（reflection）的观念。感觉来源于感官感受外部世界，而反思则来自于心灵观察本身。洛克强调这两种观念是知识的唯一来源。

洛克像

洛克的经验主义美学是其哲学的一部分，直接就是经验主义哲学认识论在审美领域的应用。洛克认为，美就属于复杂观念之一种。"由几个简单观念所合成的观念，我叫它们为复杂的观念；就如美……"他认为美是一种观念，把美学研究的对象由客体存在转向主体自身分析观念，也就是从分析获得观念的主体心灵活动中寻找美的本质。

他实现了西方美学的主体性转向，而不是像以前，在主体心理之外的理念中或形式中去寻求美的本质。洛克美学的重要意义就在于他从分析认识主体的角度去探讨美的，为经验主义美学提供了哲学上的基础和方法论上的指引。侧重审美心理分析、注重主体的感觉经验正是经验论美学的主要特征之一。

出身于贵族家庭和作为新兴资产阶级的代表，洛克的审美教育是极端功利主义的。他认为："在诗神的领域里，很少有人发现金矿银矿。""除掉对别无他法营生的人以外，诗歌和游戏一样不能对任何人带来好处。"[1]

PHILOSOPHICAL
ESSAYS
CONCERNING
Human Underftanding.

By the Author of the
ESSAYS MORAL and POLITICAL.

LONDON:
Printed for A. MILLAR, opposite Katherine-Street,
in the Strand. MDCCXLVIII.

《人类理智论》（1689 年），洛克著。该书系统研究了人类理性的本质和范围，共用 20 年时间完成。

---

[1]《朱光潜全集》第 6 卷第 234 页，安徽教育出版社 1990 年版。

第三章
休谟论审美趣味

大卫·休谟（David Hume，1711年～1776年），18世纪英国著名哲学家、历史学家和经济学家。他的怀疑论和不可知论在近代哲学的发展中产生巨大影响，康德曾认为是休谟使他从独断的梦幻中苏醒过来。他的知觉经验论对于从19世纪下半期以来的现代西方哲学来说影响尤其巨大，成为这一时期一些国际著名学派如马赫主义、实用主义、逻辑实证主义等的主要理论基础。

"家世不论在父系方面或母系方面都是名门。"休谟自己说，"不过我的家属并不是富裕的，而且我在兄弟排行中也是最小的，所以按照我们乡土的习俗，我的遗产自然是微乎其微的。我父亲算是一个有天才的人，当我还是婴孩时，他就死了。他留下我和一个长兄，一个妹妹，让我母亲来照管我们。母亲是一位特别有德行的人，她虽然年轻而且美丽，可是她仍能尽全力于教养子女。我受过普通的教育，成绩颇佳。在很早的时候，我就被爱好文学的热情所支配，这种热情是我一生的主要情感，而且是我快乐的无尽宝藏。我因为好学、沉静而勤勉，所以众人都认为，法律才是我的适当的行业。"

作为一个小孩，他看上去很木讷。他母亲说他是个"很精细，天性良好的火山口，但是，脑袋瓜子却不怎么灵。"其实他很聪明，12岁就和哥哥进了爱丁堡大学学习法律。"不

休谟像

休谟是18世纪英国著名的哲学家、历史学家、政治思想家和怀疑论者，他的怀疑论哲学一直影响着后来的哲学家。在美学上，他提出了审美趣味及其标准。

"习惯是生活的伟大指南"。　　——休谟

过除了哲学和一般学问的钻研而外，我对任何东西都感到一种不可抑制的嫌恶。"他自己说："自从他开始阅读洛克和克拉克的作品以后，他就从来没有得到过任何信仰的快乐了。"①

除了短暂时间作为家庭教师，将军的秘书以外，1752年休谟被选为爱丁堡苏格兰律师协会图书馆馆长，1763年做驻法国使馆秘书，后来代理公使，与法国启蒙运动领袖狄德罗等有过密切的交往。1767年休谟担任国务大臣的助理约11个月后退休还乡。还获得了英王每年300磅的薪金。他一生大部分时间都用来写作。1776年8月25日因为肠胃病而去世。这年的4月18日，他为自己写了陈述生平的自传。

他一生写了几本重要的著作。"任何文学的企图都不及我的《人性论》那样不幸。它从机器中一生出来就死了，它无声无臭的，甚至在狂热者中也不曾刺激起一次怨言来。"《人性论》和《人类理解研究》是他的重要的哲学著作。里面所阐述的经验主义和不可知论思想，使得他成为极少数不朽的人之一。还有被伏尔泰称为"或许是所有历史著作中最好的著作"的《英国史》。1756年写成了美学论文《论趣味的标准》。还有美学方面的文章《论悲剧》、《论艺术和科学的兴起和发展》。

美的本质

17～18世纪西方美学发展的一个显著特点是美学成为哲学的一个组成部分。

休谟是英国经验论哲学的完成者，同时也是近代欧洲不可知论的创始人。他也是西方近代怀疑论的主要代表。休谟哲学在他的美学领

美学辞典

不可知论：是英文 Agnosticism 的意译。主张除感觉或现象以外，什么也不能认识，事物的本质或本体无法知道的哲学学说。不可知论一词有时也用以专指针对宗教教义而提出的一种学说，认为精神实体是否存在无法证明，上帝是否存在、灵魂是否不朽是不可知的。

①休谟：《人类理解研究》后附"自传"，商务印书馆1982年版。

"我一向看事物总爱看乐观的一面，而不爱看悲观的一面。我想一个人有了这种心境，比生在每年有万镑收入的家里，还要幸福。"
                                              ——休谟

域占有重要的地位，他是经验主义美学的集大成者，其贡献完全是有独创性的。和他在哲学上的方法一样，在美学上他也主要运用心理分析方法去探讨他所关心的一些基本问题。

首先，他认为伦理学和美学与其说是理智的对象，不如说是趣味和情感的对象。道德和自然的美，只会为人所感觉，不会为人所理解的。如果我们企图对这一点有所论证，并且努力地确定它的标准，那么我们所关心的则是一种新的事实，即人类一般的趣味。

其次，休谟讨论了美的本质问题，他说：如果我们考察一下哲学和常识所提出来用以说明美和丑的差别的一切假设，我们就将发现，这些假设全部归结到这一点上：美是一些部分的那样一个秩序和结构，它们由于我们天性的原始组织或是由于习惯或是由于爱好，适于使灵魂发生快乐和满意。这就是美的特征，并构成美与丑的全部差异，丑的自然倾向乃是产生不快。因此，快乐和痛苦不但是美和丑的必须伴随物，而且还构成它们的本质。[1]这段话的意思是说，首先，快乐构成美的本质，是美的特征，是美和丑的全部差异。其次，产生美的客观对象必须是各部分之间的秩序和结构。人的天性的原始组织、习惯、爱好是主观方面的构成部分，审美主体的快乐就是由于对象的条件适宜于主体心灵而产生的。

写给青少年的
美学故事

他还认为审美和认识是有区别的："一切自然的美都依赖于各部分的比例、关系和位置；但是倘若由此而推断，对美的知觉就像对几何学问题中的真理的知觉一样完全在于对关系的知觉，完全是由知性或智性能力所做出的，那将是荒谬的。在一切科学中，我们的心灵都是根据已知的关系探求未知的关系；但是在关于趣味或外在美的一切决定中，所有关系都预先清楚明白地摆在我们眼前，我们由此出发根据对象的性质和我们器官的气质而感觉到一种满足或厌恶的情感。"

①休谟：《人性论》下册第 333～334 页，商务印书馆 1983 年版。

贝戴勒儿童之死　法国　拉耶尔
在休谟看来，因果之间不存在必然联系——即便是痛苦一类基本的情绪也是如此。

　　他举例说："欧几里得充分解释了圆的所有性质，但是对于圆的美在任何命题中都未置一词。理由是不言而喻的。美不是圆的性质，美不在于圆的线条的任何一部分，圆周各部分到圆心的距离是相等的。美仅仅是这个图形在那个因具备特有组织或结构而容易感受这样一些情感的心灵上所产生的一种效果。你们到圆中去寻找美，或者不是通过感官就是通过数学推理而到这个图形的一切属性中去寻求美，都将是白费心思。"①

　　纵观其全部哲学和美学观点，虽然休谟也强调美的来源的客观方面，如对象的合理构造等，但是，归根结底休谟还是认为人的心灵、情感、感受才是美的确定者。

　　休谟在《论趣味的标准》的论断如下："美不是事物本身里的一

①休谟：《道德原则研究》第143页，商务印书馆2001年版。

种性质，它只存在于观赏者的心里。"美是由审美主体的情感附加给对象的，而审美主体情感则是依存于人心的特殊结构的。

不是美引起美感，而是美感决定美。正如他在《论怀疑派》里所说：在美丑之类情形之下，人心并不满足于巡视它的对象，按照它们本来的样子去认识它们；而且还要感到欣喜或不安，赞许或斥责的情感作为巡视的后果，而这种情感就决定人心在对象上贴上"美"或"丑"、"可喜"或"可厌"的字眼。很显然，这种情感必须依存于人心的特殊构造，这种人心的特殊构造才使这些特殊形式依这种方式起作用，造成心与它的对象之间的一种同情或协调。由此休谟提出了"同情说"。休谟认为，同情产生大多数种类的美。

"同情"（sympathy）在英文中原意并不等于"怜悯"，而是设身处地地分享旁人的情感乃至分享旁物的被人假想为有的情感或活动。现代美学家一般把它叫作"同情的想象"。对象之所以能产生快感，往往由于它满足人的同情心，不一定触及切身的利害。例如我们看到肥沃的丰产的果园，尽管自己不是业主，不能分享业主的好处，但是我们仍可借助于活跃的想象，体会到这些好处，而且在某种程度上和业主分享这些好处，这就是运用了同情了。在这里，被称为美的那个对象只是借其产生某种效果的倾向，使我们感到愉快。那种效果就是某一个其他人的快乐或利益。我们和一个陌生人没有友谊，所以他的快乐只是借着同情作用，才使我们感到愉快。以后我们还会看到，同

写给青少年的
美学故事

情说在柏克、康德以及许多其他美学家的思想里占有很重要的地位。李普斯一派的"移情"说和谷鲁斯一派的"内模仿"说实际上都是同情说的变种。①

休谟还提出了美的"效用说"。"我们所赞赏的动物和其他对象的大部分的美是由方便和效用的观念得来的。"看到对象的效用，我们便会联想它可以给其拥有者带来利益和引起快乐的效果，所以借着同情也感到愉快。休谟以田地的美为例，指出："最能使一块田地显得令人愉快的，就是它的肥沃性，附加的装饰或位置方面的任何优点，都不能和这种美相匹敌。"

他进一步对此分析说："不过这只是一种想象的美，而不以感官所感到的感觉作为根据。肥沃和价值显然都与效用有关；而效用也与财富、快乐和丰裕有关；对于这些，我们虽然没有分享的希望，可是我们借着想象的活跃性而在某种程度上与业主分享到它们。"可见美和对象的效用固然有关，但这种美却是要借助想象、通过同情作用而实现的。休谟说："世上再没有东西比人的想象更为自由；它虽然不能超出内外感官所供给的那些原始观念，可是它有无限的能力可以按照虚构和幻象的各种方式来混杂、组合、分离、分割这些观念。"

审美趣味及其标准

什么是审美趣味？审美是否有共同的标准？审美趣味就是鉴赏力或审美的能力，它是一种具有创造性的情感能力。

首先，他说："世人的趣味，正像对各种问题的意见，是多种多样的——这是人人都会注意到的明显事实。"但是，休谟认为尽管趣味仿佛是变化多端，难以捉摸，终归还是有些普遍性的褒贬原则；这些原则对一切人类的心灵感受所起的作用是经过仔细探索可以找到的。按照人类内心结构的原来条件，某些形式或品质应该引起快感，其他一切引起反感。之所以如此，因为人的"自然本性在心的情感方面比在身体的大多数感觉方面还更趋一致，使人与人在内心部分还比在外在部分显出更接近的类似。"我们想找到一种"趣味的标准"，

①《朱光潜全集》第6卷第256页，安徽教育出版社1990年版。

一种足以协调人们不同感受的规律，这是很自然的；至少，我们希望能有一个定论，可以使我们证实一种感受，否定另一种感受。休谟承认趣味的多样性、差异性、相对性，却没有走向相对主义，这就是说"趣味和美的真实标准"是确实存在的。休谟举例说："同一个荷马，两千年前在雅典和罗马受人欢迎；今天在巴黎和伦敦还被人喜爱。地域、政体、宗教和语言各方面所有的变化都不能使他的荣誉受损。"[①]这说明审美趣味是具有共同性和一致性的。

尽管休谟肯定趣味有普遍原则和标准，却也没有绝对化，他认为时代和本国习俗，以及由于鉴赏者的性格、气质、年龄等方面的不同，对不同作家、不同内容、不同类型、不同风格、不同形式的作品所产生的不同偏好和喜爱也是正当的，有些趣味的差异是正常的、难免的，不能也不必用一种共同标准去协调。

休谟认为："就一个批评家而言，只称许一个体裁或一种风格，盲目贬斥其他一切是不对的；但对明明适合我们的性格和

丘比特与普赛克　石雕
意大利　卡诺瓦
这件作品展现爱神丘比特使濒死的普赛克复活的那一刻，表达一个激情与爱恋、爱与死的主题。丘比特温柔的拥抱与普赛克无尽的依恋巧妙地结合在一起，似一曲低回婉转的音乐，顺着流畅的线条缓缓流动，又随着丘比特未及收拢的双翅徐徐上升，具有一种极美的意境。

①休谟：《论趣味的标准》，人民文学出版社1963年版。

美学辞典

休谟问题：休谟提出了一个疑问。他指出，单个的观察陈述不管数量多大，他们在逻辑上不可能蕴涵无限制性的普遍陈述。以收集特殊例子的观察现象为基础而建立普遍陈述的方法通常叫作归纳，并且被看作科学方法的标志。归纳问题又叫作"休谟问题"，从休谟时代到现在，这个问题一直困扰着哲学家们。

气质的作品，硬要不感到有所偏好也是几乎不可能的事。这种偏好是无害的，难免的；按理说也无须纷争，因为根本没有解决此种纷争的共同标准。"

趣味既然具普遍原则和真实标准，那么为何人们会脱离趣味的普遍原则和真实标准，会对美做出不同判断和不正确感受？

休谟认为，首先，是因为"一切动物都有健全和失调两种状态，只有前一种状态能给我们提供一个趣味和感受的真实标准。"

其次，"多数人所以缺乏对美的正确感受，最显著的原因之一就是想象力不够敏感，而这种敏感正是传达较细致的情绪所必不可少的。"他举例说：我们不必乞灵于任何高奥艰深的哲学，只要引用《堂吉诃德》里面一段尽人皆知的故事就行了。桑科对那位大鼻子的随从说："我自称精于品酒，这绝不是瞎吹。这是我们家族世代相传的本领。有一次我的两个亲戚被人叫去品尝一桶酒，据说是很好的上等酒，年代既久，又是名牌。头一个尝了以后，咂了咂嘴，经过一番仔细考虑说：酒倒是不错，可惜他尝出里面有那么一点皮子味。第二个同样表演了一番，也说酒是好酒，但他可以很容易地辨识出一股铁味，这是美中不足。你绝想象不到他俩的话受到别人多大的挖苦。可是最后笑的是谁呢？等到把桶倒干了之后，桶底果然有一把旧钥匙，上面拴着一根皮条。"

最后，他认为正当的审美情趣是可以培养出来的。

休谟哲学在美学领域也占有重要的地位，而且从方法论观点来看，其贡献完全是独创性的。休谟改造了美学论战的整个战场。[1]

---

[1]转引自蒋孔阳等编：《西方美学通史》第3卷第354页，上海文艺出版社1999年版。

第四章
"论崇高与美"的问世

　　柏克（Burke，1729 年～1797 年），是人类历史上的一个天才、先知，他的很多预言都实现了。用当时一位与他熟识的著名作家的话说，是个"即使和他同在一个街棚里避雨五分钟，你就会受不了，但你会相信自己正和所曾见过的最伟大的人物站在一起"的人。

　　柏克 1729 年 6 月生于爱尔兰的都柏林，为英国人后裔，文化认同为英国人，后搬回伦敦居住。父亲是有名律师，信奉新教，母亲则是天主教徒，母亲的宗教信仰给他的影响颇大。1744 年就学于都柏林的三一学院，学习古典语言，拉丁语，熟练到能欣赏西塞罗的作品。1750 年到伦敦学习法律，但不久即对法律失去兴趣而游学于英格兰和法国。

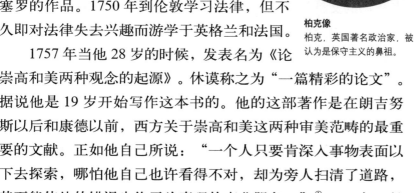

柏克像
柏克，英国著名政治家，被认为是保守主义的鼻祖。

写给青少年的
美学故事

　　1757 年当他 28 岁的时候，发表名为《论崇高和美两种观念的起源》。休谟称之为"一篇精彩的论文"。据说他是 19 岁开始写作这本书的。他的这部著作是在朗吉努斯以后和康德以前，西方关于崇高和美这两种审美范畴的最重要的文献。正如他自己所说："一个人只要肯深入事物表面以下去探索，哪怕他自己也许看得不对，却为旁人扫清了道路，甚至能使他的错误也终于为真理的事业服务。"[①] 1757 年，柏克与一位爱尔兰天主教医生的女儿结婚。

---

① 《朱光潜全集》第 6 卷第 276 页，安徽教育出版 1990 年版。

柏克的后半生几乎完全与英国及欧洲的政治联系在一起。36 岁时进入政治界，接着成为辉格党领袖罗金汉勋爵的秘书而进入下院，任该职直至后者于 1782 年去世。1774 年，他被选为布里斯托尔的下院议员，任期 6 年。1780 年，作为罗金汉勋爵控制的议员选区的下院议员直到 1794 年退休。

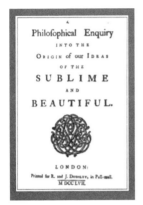

柏克的美学著作《论崇高和美两种观念的起源》
该书于 1756 年出版，是美学史上的重要作品。

这个政治敏锐力、雄辩才能唯有后世的托克维尔和丘吉尔才可企及的政治家、政论家，却是一个悲剧性的人物，是一只"什么也没有捕获到的老鹰"。其在政治思想上颇有建树，主张限制英国王权，对英国国王权力加以制衡；但是他反对法国大革命，反对自由平等，其实是担心民主自由会造成暴民政治，在没有法制中的自由，出现暴动，从某一角度而言具有精英文化的利益取向，是历史上公认的十分精辟之论断。晚年在丧子之痛和对法国革命的仇恨中度过。1797 年 7 月在英格兰的白金汉郡去世。他在哲学上是英国经验派继承者。

崇高的根源和外在形式

柏克是西方美学史上第一个明确区分崇高与美的人。

崇高是西方美学史上的核心范畴之一，流传下来最早的有关崇高的文献是古罗马美学家朗吉努斯的《论崇高》。柏克是西方美学史上对崇高真正做出深入阐述的美学家之一，柏克首次区分了美与崇高。柏克也和同时期的其他美学家一样，在美学领域贯彻了经验主义哲学的方法和认识论观念。

柏克首先把人类基本情欲区分成两类：一类涉及自我保存，这种涉及自我保持的情感注重痛苦或危险，这种负面的情感比快乐的积极的情感更有力，正是这种适于激发痛苦或危险观念、让人产生恐怖情绪的事物是崇高的本源，自我保全是崇高的基础；另一类是社会生活，这种情感要求维持种族生命的生殖欲以及一般社交愿望或群居本能。社会交往是美感的基础。社会交往包括两性之间和一般的交往，这种情欲主要是与爱相联系，它引起的是积极的快感，而爱正是美感的心理内容。这类情欲是爱和美的根源。

自我保存的情绪即是当人类的生命受到外界威胁的时候，就会产生恐怖惊惧的情绪；恐怖是崇高的主导原则。只有当这种痛苦的、恐怖的和惊惧的情绪，能够与外界威胁现象保持安全适当的距离时，情绪才会缓和并得到克服，这时候就会产生转化为崇高的感受；崇高感来自于恐怖，人能以保持安全距离而克服恐惧感，就会产生崇高，然而如果人要是沉溺、深陷在惊恐中，就不可能产生崇高的感觉。

柏克说："凡是可恐怖的也就是崇高的。"恐怖是由于害怕危险和死亡。因此无论是自然界或是现实生活中，凡是令人恐怖的事物便是崇高。尤其是力量，没有一个崇高的事物不是力量的变形。体积庞大显然是一种力量，而朦胧不清的形象，激起更动人的想象，所以比清朗的形象更崇高。对视觉引起恐怖情感的事物是崇高的，如毒蛇，猛兽，深不可测的海洋，等等。

写给青少年的
美学故事

崇高具有巨大的力量，不但不是由推理产生的，而且还是人来不及推理，就用它的不可抗拒的力量把人卷走。惊恐是崇高的最高效果。柏克认为，崇高感和美感都只是涉及客观事物的感性方面，即可用感官和想象力来掌握的性质，这种性质很机械地直接打动人类的某种情欲，因而立即产生崇高感和美感，理智和意志在这里都不起作用。

柏克对自然界和社会生活中引发崇高感的事物作了具体分析。第一是那些巨大的东西，例如无边无际的沙漠、天空，波澜壮阔的海洋等，体积上的庞大是崇高的有力原因。

其次，还有晦暗、模糊、不和谐事物，如埃及神庙、晚上漆黑的四周，就会感受到崇高感。多云的天空比蓝色的天空更壮丽，黑夜比白天更显得崇高和庄严。

第三，力量，例如有力量的动物会使人产生恐怖感是由于人们害怕这种力量会带来劫虐和破坏，一旦这种力量变成无害，可以为人类所利用，那么，这些动物就不再成其为崇高的对象了。在荒野中嗥叫的狼、雄狮、猛虎是崇高的。

第四，巨大的声响和寂静空无，例如滂沱的大雨，狂怒的风暴，雷电。巨大的声音突然停止也能产生崇高的快感。黑夜能增加我们的恐惧，模糊的鬼怪也能使我们的心灵产生震撼。最后是无限，无限使精神具有某种令人愉悦的恐惧倾向，这是崇高的本源。例如星光灿烂的天空，能激起我们壮丽无限的感觉，也是崇高的来源，但是单独一颗星星却不会产生崇高感，因为没有那种无限和壮丽。宏伟还是崇高的根源。

美的根源和表现形式

柏克认为美和崇高是对立的。如果崇高感是基于人类要保存个体生命的本能，它的对象虽然暗含危险而又不是紧迫的真正的危险，那么它所引起的情绪主要是惊惧，是一种痛感，仿

阿尔卡萨尔要塞皇宫：作者缩小了宫殿与钟楼的距离。

圣塞尔万德城堡：在画中作者将城堡做了变形处理。

托莱多的草木：这是作者极富创意的想象，增添了画面的恐怖色彩。

阿尔坎塔拉桥：作者根据作品风格的需要将桥做了改动。

"只要善良的人袖手旁观，邪恶就会奏凯而还。"

——埃德蒙·柏克

佛由自豪感和胜利感以及劳动或练习转化为快感。

美感则不同。"社会生活"的本能产生情爱、友爱的情绪；愉快的情绪还包括性爱情爱，交往的本能。本能发展实现，当人充分体验到爱的时候，人就会产生美的感受，故美来自社会生活的本能，当人能积极体验爱的时候，就会变成美。爱正是一般美感的主要心理内容，爱的对象总是具有"人体美的某些特点"。所谓美，是指物体中能引起爱或类似爱的情欲的某一性质或某些性质。爱所指的是在观照任何一个美的事物时心里所感觉到的那种喜悦。爱不等于情欲，情欲是为了占有。爱是在心里所感觉的满意，欲念只是迫使我们占有某些事物的一种心理力量，例如我们可以对一个不太美的女人引起强烈的欲念，但是人类或其他动物的最高的层次美，虽然能引起爱却丝毫不引起欲念，这也说明美和爱所引起的情感是不同于欲念的，尽管欲念和爱有时是共起作用的。

托莱多风景 西班牙 格列柯

托莱多是离马德里不远的一座古城。对格列柯来说，这是一座完美的城市，一座冷色的威尼斯。这幅作品描绘的是画家主观想象中的风景，处在暴风雨前的城市表现了大自然的无比威力，这座无生气的、被恐怖的闪光所照射的城市似乎是静止的，好像虚幻的影像一样出现在卷起云朵的暗蓝色的天空之下，充满了悲剧气氛。根据柏克"凡是可恐怖的也就是崇高的"的观点，这幅作品便是崇高的、美的。

"凡是可恐怖的也就是崇高的。"　　——柏克

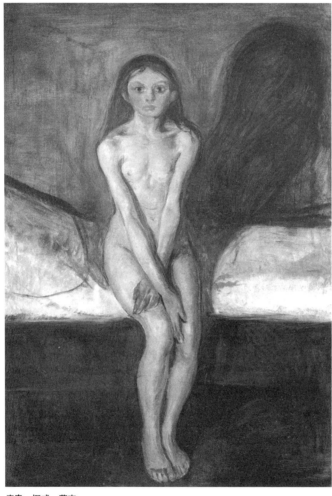

青春　挪威　蒙克
《青春》是蒙克的代表作之一，画中描绘了一位十分羸弱的青春少女的形象，她双手紧张地交叠膝部，对眼前的世界充满了一种莫名其妙的恐惧感。虽然少女本身的容貌和身材很普通，但她的娇弱让欣赏者产生一种怜爱的感觉，这就是美的外在本质。

柏克分析了美的外在性质，首先，那些小的东西，会产生让人怜爱的感觉，如小坏蛋产生怜惜的感觉；小鸟、小猫之类，很少听说"一个美丽的大家伙"，我们总是用"小可爱"、"小亲爱的"来形容亲昵的喜爱。如小宝贝、小鸟儿等等。

其次是平滑光亮的东西，例如，树木和花卉的叶子都是光滑的，还有平滑的小溪等等。

第三，曲线的东西，如英国大画家荷加斯即认为蛇行的线是最美的线，还有那些优美的海岸线等等。

第四，颜色上明晰的东西，那些明晰的颜色总能让我们对对象产生美感，色彩鲜明但不刺眼，若有刺眼的颜色要配合其他颜色使其得到调和。

最后就是很轻很柔的东西，例如娇柔的美女，娇柔的鲜花等等。

总之，美的真正原因是：小、光滑、逐渐变化、不露棱角、娇弱以及颜色鲜明而不强烈等，这些美所存的特质是不由主观任性改变的。

对美的原因说的批判

柏克对传统的美的原因学说进行了批判。他认为美的原因不在比例、适宜或效用，也不在完善或圆满。美往往被认为是各部分之间某种比例形成的，但是我们可以去怀疑美是否属于比例的一种观念，因为比例几乎只涉及便利，所以应看作理解力而不是影响感觉和想象的首要原因。因为比例是对于相对数量的测量，显然一切数量既然是可分的，任何数量所分成的每一部分都要和其他各部分或全体形成某种关系，这些关系就形成比例关系的根源。例如，天鹅很美丽，但没有比例可言，头小脖子细，身体圆；孔雀美丽，但尾巴过大，也没有比例美感；或者有人认为效用观念就是美的原因，那么男人就会比女人

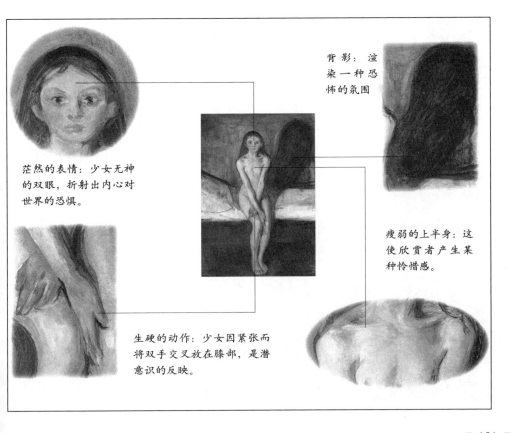

背影：渲染一种恐怖的氛围

茫然的表情：少女无神的双眼，折射出内心对世界的恐惧。

瘦弱的上半身：这使欣赏者产生某种怜惜感。

生硬的动作：少女因紧张而将双手交叉放在膝部，是潜意识的反映。

美得多，因为强壮和敏捷就应该看作唯一的美；认为美的东西有的是为完善才美，但是例如美女虽美，但不完善。美的原因不在于完善，完善本身绝不是美的原因，例如谦虚是对不完善或有缺点的默认，它一般被认为一种可爱的质量，而且确实加强其可爱质量的效果。

总的来说，柏克是英国经验主义美学的集大成者，对德国古典美学产生了重要的影响。

泉　法国　安格尔
《泉》是安格尔最著名的画作之一，也是安格尔歌颂女性人体美的典范之作。作品体现了画家对古典美的追求。

第五编
18 世纪启蒙主义美学

　　启蒙运动在西方思想上具有划时代的意义，启蒙主义者以理性精神为批判的武器，对现存的一切蒙昧思想进行猛烈攻击，力图将旧观念一扫而光，全面开启人们的思想。启蒙主义美学在启蒙思想的影响下也获得了空前的发展，产生了卢梭、狄德罗等伟大的美学家。

第一章
启蒙主义美学的兴起

　　启蒙运动是近代思想革命的一个高峰。它大约于 1680 年发生在英国，以后很快地传到北欧大多数国家，并且在美洲也发生了影响。但是启蒙运动的最高表现是在法国，它真正重要的阶段是在 18 世纪。历史上很少有别的运动像启蒙运动那样对人的思想和行动发生如此深刻的影响。

　　卡西尔说："启蒙运动继文艺复兴运动之后兴起，并且继承了它的精神财富。"而文艺复兴的本质是热爱人和自然，把宗教放在从属的地位。人文主义者一般认为人性是善良的，人文主义者努力要恢复的是希腊和罗马的古代文化。人类，正如莎士比亚在《哈姆雷特》中那段对人类的经典称颂："宇宙的精华！万物的灵长！"启蒙运动的内容和影响都大大超过了文艺复兴运动。

爱丁堡大学
在启蒙运动时期，爱丁堡大学有许多知识分子从事着各门科学的研究工作。

18世纪是欧洲历史上一个风云变幻的时代，各种新思想、新意识不断涌现。以法国学者为代表的启蒙思想家，自觉地以理性为武器，批判一切、评价一切。他们深信理性是至高无上的，无论是政治还是上帝，都要由它来解释和判断。他们相信理性是引导人们去发现和确立真理的独创性理智力量，它能使人穿透一切迷雾，认识一切未知领域，并使人类过去的一切秘密都将不再隐没于黑暗之中。

在哲学上，笛卡儿的"我思故我在"为理性主义吹响了号角，笛卡儿认为认识世界和取得知识的唯一方法是数学推理；"知识就是力量"是人们肯定自身理性能力的旗帜，培根则提出了从特殊到一般、从具体到抽象的归纳法；而霍布斯说："我们既没有神的观念，也没有灵魂的观念。"

启蒙运动之发生，也与自然科学的发展有着密切的关系。在17、18世纪，自然科学有了突飞猛进的发展，为启蒙思想提供了锐利武器，因为启蒙思想家在许多方面是从新兴的自然科学中寻找理论根据和思想方法的。在牛顿的启发下，启蒙思想家们力图发现支配人事和社会的永恒法则。正如康德所说："人是自然界的立法者。"

自然科学的发展对启蒙运动有着重要的推动作用。图为17世纪伦敦皇家学会的罗伯特·胡克设计的显微镜。

写给青少年的
美学故事

什么是启蒙运动

启蒙运动何以能对人的思想和行动发生如此深刻的影响？这一切都与一个词相系，即理性。"当18世纪想用一个词来表述这种力量的特征时，就称之为'理性'。'理性'成了18世纪的汇聚点和中心，它表达了该世纪所取得的一切成就。"

狄德罗在《百科全书》的"理性"一条中指出，理性除了其他含义外，有两种含义是与宗教信仰相对而言的，即一是指"人类认识真理的能力"，一是指"人类的精神不靠信仰的光亮的帮助而能够自然达到一系列真理"。启蒙学者所谓的理性就是在这两种含义上使用的。在他们看来，理性是一种"自然的光亮"，他们的使命就是要用这种理性之光去启迪人类，去照亮中世纪宗教神学幕布下的黑暗和愚昧。

正如恩格斯在《社会主义从空想到科学的发展》中所说：
"宗教、自然观、社会、国家制度，一切都受到了最无情的批判；一切都必须在理性的法庭面前为自己的存在作辩护或者放弃存在的权利。思维着的悟性成了衡量一切的唯一尺度。那时，如黑格尔所说的，是世界用头立地的时代。以往的一切社会形式和国家形式、一切传统观念，都被当作不合理的东西扔到垃圾堆里去了；到现在为止，世界所遵循的只是一些成见；过去的一切只值得怜悯和鄙视。只是现在阳光才照射出来，理性的王国才开始出现。从今以后，迷信、偏私、特权和压迫，必将为永恒的真理，为永恒的正义，为基于自然的平等和不可剥夺的人权所排挤。"

正如托马斯·汉金斯在《科学与启蒙运动》中写道：任何一个相信具有利用其理性改正以往错误的人，都会在启蒙运动中找到价值；启蒙运动所宣传的天赋人权、三权分立、自由、平等、民主和法制的思想，推动了资产阶级的革命和改革，成为近代资本主义社会的立国之本。

启蒙运动的影响

启蒙运动还影响到德国、西班牙、意大利、奥地利等几乎全欧所有地区，甚至还横渡大洋，传到了美洲。

"启蒙时代的欧洲是法国的欧洲"，启蒙运动的中心在法国，法国启蒙运动的领袖则是伏尔泰。他的思想对 18 世纪的欧洲产生了巨大影响，所以，后来的人曾这样说："18 世纪是伏尔泰的世纪。"

在美学方面，这个时期的英国美学著作和文艺实践也成为法德等国美学思想发展的推动力。英国戏剧的成就帮助了狄德罗和莱辛发展出市民剧的

作为启蒙运动的领军人物，伏尔泰的思想全面影响了 18 世纪的欧洲。

> **"启蒙运动就是人类脱离自己所加之于自己的不成熟状态。要有勇气运用你自己的理智！这就是启蒙运动的口号。"**
> ——康德

理论，打破了新古典主义的束缚；英国小说的成就帮助了卢梭和其他法国作家发展出反映市民现实生活的小说，英国带感伤气氛的歌颂自然的诗歌在欧洲唤醒了浪漫主义的情调。虽然英国经验主义美学家们在个别代表的成就上没有人比得上狄德罗和莱辛，但是它们所代表的倾向对西方美学思想发展的影响却不是狄德罗和莱辛所能比拟的。他们有力地证明了感性认识的直接性和重要性以及目的论和先天观念的虚幻性，对莱布尼茨的理性主义树立了一个鲜明的对立面，推进了经验主义的发展。正是经验主义美学与理性主义美学的对立才引起了康德和黑格尔等人企图达到感性和理性的统一。英国经验主义美学是德国古典美学的先驱。[①]

英国经验主义美学把对审美主体的研究放在重要地位，随之就有对审美经验相关的感觉、想象、情感、意志等问题的研究，这些方面成为经验主义美学家关注的主要问题，这个时期美学家的兴趣是艺术欣赏的主体，它努力去获得有关主体内部状态的知识，并试图用经验主义的手段去描述和解释这种状态，关注的不是美的本质是什么，美的对象的性质是什么，而是关心主体的心理体验和审美主体吸收、认知艺术作品的一切心理过程。这个时期的英国经验论美学所获得的美学成果就是"内在感官说"和"审美趣味论"，有的学者把18世纪称为"趣味的世纪"。

法国在17世纪领导了新古典主义运动。正如爱尔维修说："一个民族的政体的风俗习惯方面所起的变化必然引起他们的审美趣味的变化。"法国新古典主义的原型只是拉丁古典主义。高乃依和拉辛在悲剧方面的成就就在于排场的宏伟，形式技巧的完美和语言的精练，这些都是继承了拉丁古典主义的优秀品质。

在理论方面，布瓦洛的《诗艺》尽管与贺拉斯的《诗艺》时隔千年，但是给人的感觉就是如出一辙。正如马克思谈到法国资产阶级革

[①]《朱光潜全集》第6卷277页，安徽教育出版社1990年版。

命时候所指出的那样：穿着古罗马的这种久受崇敬的服装，用这种借来的语言，演出世界历史的新场面。18世纪的启蒙运动者们对新古典主义文艺的体裁种类（史诗、悲剧、喜剧等），题材（大半用古代英雄人物的伟大事迹），语言形式（谨严的亚历山大格）和传统的规则（如三一律），有时感觉到拘束，要求其结合现实生活，有较大的自由。

他们还是赞同新古典主义者所提倡的普遍人性："审美趣味的基本规则在一切时代都是相同的，因为它们来自人类精神中的一些不变属性。"但是，达兰贝尔的话也可以反映出启蒙运动者们对于"规则"的态度："诗人是这样的一个人，人们要求他戴上脚镣，步子还要走得很优美，应该允许他有时轻微地摇摆一下。"

德国正如我们上面提到的那样，在启蒙运动中，它们也表现出在理论方面的特长。德国启蒙运动是从一个新古典主义运动开始的。德国启蒙运动时期的文艺思想在抽象思考和抽象讨论上的倾向显著。出现了戈特舍德的《批判诗学》和鲍姆加登的《美学》；在内容上，因为现实状况与法国不同，所以复古倾向显著。[①]

杜·莎特雷侯爵夫人是积极投身于启蒙科学领域为数不多的妇女之一。她将牛顿的《数学原理》译成了法文，还与伏尔泰合作编写了一本关于牛顿自然哲学的著作。

美学辞典

启蒙：英文是 Enlightenment。从词的意义来看，它的含义是阐明、澄清、照亮。它给人启发和启示。演变成专有名词"启蒙运动"时，它的意思是思想解放运动、社会解放运动。在法语中，启蒙一词既有"光明"的意思，又用来指"伟人"，其复数则表示"智慧"、"知识"。中国古代对启蒙解释为：启，开也。蒙，阴暗也。启蒙：开导蒙昧，使之明白事理。

①《朱光潜全集》第6卷第201～318页，安徽教育出版社1990年版。

第二章
卢梭提出美与审美力学说

让·雅克·卢梭（Jean-Jacques Rousseau，1712年~1778年），他的思想标志着浪漫主义的诞生。

卢梭自己说："上帝在创造我之后，把造我的模子打碎了。"卢梭的自负不是一种盲目的骄傲。他，由一个无人管教的孩子走上光荣之路，一个流浪汉成了思想家，一个染上恶习的学徒成了严肃的伦理家。

卢梭的高祖原是法国新教徒，因躲避宗教迫害于16世纪中期来到瑞士。

"祖父留下的财产本来就很微薄，由15个子女平分，分到我父亲名下的那一份简直就等于零了，全家就靠他当钟表匠来糊口。我父亲在这一行里倒真是个能手。我母亲是贝纳尔牧师的女儿，家境比较富裕；她聪明美丽，我父亲得以和她结婚，很费了一番苦心。"

他的母亲在他出生后就去世，他的父亲有读书的癖好。他出生在日内瓦，但是他一生的大部分时间是在法国度过的。卢梭一度因为迫害而到英国居住，不久又回到法国。他家境贫寒，没有受过系统的教育，当过学徒、杂役、家庭书记、教师、流浪音乐家等。18世纪30年代，与华伦夫人同居期间，生活才稍稍稳定，安心读书、思考问题、写作。

18世纪40年代，卢梭在社会和生活的道路上艰难地踯躅，尝遍人间的辛酸。卢梭一辈子都是在流浪之中。他寄人篱下却没有失去个性的独立。他的自信、幻想、多愁善感，是他成功的源泉。1749年，他的《科学与艺术》使他一举成名。1755年，发表《论人类不平等的起源和基础》，1761年发表小说

卢梭像

卢梭在哲学上强调情感高于理智，信仰高于理性。在社会政治观方面，提出天赋人权说，主张返回自然，有"自然主义之父"之称。在教育上，被称为"教育史上的哥白尼"，主张让儿童的身心自由发展。在美学上创造了著名的审美力学说。

《新爱洛绮丝》。1762 年,《社会契约论》和《爱弥儿》出版。晚年时最有名的著作是《忏悔录》。

卢梭不但是一个思想家,也是一个文学家和音乐家。他是一个有爱情魔力的人。他"为他永不曾满足的爱情所克服"。他作品中饱满的热情赚得了贵妇们的热泪。1745 年,苔莱丝·勒瓦塞成为卢梭的情妇,当时她是一个 23 岁的女仆,她同卢梭同居了 33 年,直至卢梭过世。而且直到最后的弥留之际,卢梭还说自己是"世界上最孤独的人"。

虽然在生前,他认识很多名人并得到他们的帮助,包括百科全书派的很多人,还有休谟等人,但是他没有得到人们的友谊,可能是因为"他的性格,他的人生观,他衡量价值的尺度,他的本能反应等等,都同启蒙时代加以赞许的东西大相径庭"的原因,但是正如他自己曾言称的那样,后人一定会为他塑像,而且"作为让·雅克·卢梭的朋友,将不是空虚的荣誉"。法国大革命期间,卢梭被安葬于巴黎先贤祠。

《社会契约论》("The Social Contract")也许是卢梭最重要的著作,其中开头写道:"人生而自由,却无往而不在枷锁之中。"

卢梭的名字与启蒙运动是以一种奇特的方式联系起来的。在启蒙运动中，理性成为时代的唯一原则和精神。启蒙思想家为理性、文明所取得的辉煌成就而自豪，并相信"理性的王国"即将到来。但是，正如赫尔岑所指出的那样："当伏尔泰还在为文明跟愚昧无知作战时，卢梭却已经痛斥这种人为的文明了。"

卢梭认为，人类心灵的破败与艺术、科学的进步成正比，卢梭劝告人们返回自然。科学与艺术不是敦风化俗而是伤风败俗。一个健全的社会是不需要装饰的。艺术不是产生于需要，而是产生于奢侈。卢梭强调，艺术与科学的进步并没有给人类带来好处。他认为知识的积累加强了政府的统治而压制了个人的自由，物质文明的发展事实上破坏了真挚的友谊，取而代之的是嫉妒、畏惧和怀疑。

卢梭认为，对人类来说，仅有理性是不够的，因为理性不是道德的充足基础，不能从根本上保证人类为善，理性虽然有助于人认识事物，建构后天的观念或知识，却无助于人类德行的完善。"理性欺骗我们的时候是太多了"。"与其用理性的光芒，倒不如按照我的良知所授的旨意去予以解决"。在我们的灵魂深处生来就有一种正义和道德的原则，这就是良心。良心就是我们心灵深处关于正义和道德的先天原则。"按良心去做，就等于服从于自然，就用不着害怕迷失方向"。可见，不同于关注科学、理性、文明与进步的启蒙思想家，卢梭更关注人类的精神生活与道德完善。

写给青少年的
美学故事

他还以清教徒一样的态度批判了戏剧。卢梭认为是戏剧动摇了整个社会制度，无耻地破坏了作为整个制度基础的一切神圣关系，使令人尊敬的东西成为笑柄，从而使美德丧失、趣味败坏、心灵腐化、风尚解体、信仰崩溃。戏剧不是什么道德学校，而是社会风气和道德水准下降的罪恶渊薮。他引述普鲁塔克讲的一个故事：一个雅典人在剧院中找不到座位，却遭到满场雅典青年的怪声嘲笑。斯巴达使者见到这一情景，立即起身把老人迎上贵宾席。在卢梭看来，设有剧院的雅典放逐许多伟人，处死苏格拉底，都是在剧院中准备的，这直接导致了雅典的衰落。其次，他还认为观众在剧院里，谁都忘记了自己的朋友、邻居、亲戚，只一心迷醉于荒诞不经的故事。特别是那些女观众，太太和小姐们在包厢里尽可能展示她们的风姿，就好像在商店的橱窗里等待买主；如果舞台曾经有过什么道德教化，那么一到更衣室就被迅速遗忘了。他还从戏剧的内容，剧场的费用，演员的道德，戏剧的效果等方面进行了批判。剧院中的道德气氛是虚假的，是对剧院外的道德生活的最大亵渎。

卢梭思想的起点恰好是启蒙运动的终点。卡西勒如是评价他："卢梭是启蒙运动的真正产儿，尽管他攻击了启蒙运动而且取得了胜利，卢梭并没有推翻启蒙运动，他只不过是移动了一下启蒙运动的重心。"

感伤的自然主义

卢梭没有系统的美学思想，但是卢梭是感伤主义的代表和"浪漫主义之父"。所谓"浪漫主义"，就是强调以自我的情感、个性和自由，而不是以理性作为评判事物的标准。

罗素指出，卢梭是"浪漫主义运动之父，是从人的情感来推断人类范围以外的事实这派思想体系的创造者"。[1]更重要的是他为浪漫主义运动奠定了哲学基础。卢梭说："没有信仰的哲学是错误的，因为它误用了它所培养的理智，而且把它能够理解的真理也抛弃了"；"上帝存在的问题并不是理性所能解决的。信与不信，任我们自由选择。"

卢梭发出"回归自然"的呐喊，他认为"自然曾使人幸福而善良；但文明社会却使人堕落而悲苦"，在自然状态（动物所处的状态和人类文明及社会出现以前的状态）下，人本质上是好的，是"高贵的野蛮人"。卢梭劝告人们返回自然，追怀太古时代的纯朴，他为人类远离自然而遗憾。他指出人们的全部习惯都只是一种强制、束缚和服从，人从生到死都处于奴役之中，他一出生就被裹在襁褓之中，死后则被钉于棺木内，只要当他保留着人的面孔活在世上，他就总为文明教育所羁绊。

"伏尔泰是旧世界的终点，卢梭是新世纪的开端。"

——歌德

---

①罗素：《西方哲学》卢梭一节。
①卢梭：《爱弥儿》（上）第 5 页，商务印书馆 1997 年版。

卢梭在阿蒙农维拉的墓地

歌德是《忏悔录》的忠实读者，他曾经写过："因为有了伏尔泰，旧世界才结束；而新世界的开始则是因为有了卢梭。"

卢梭认定："出自造物主之手的东西，都是好的，而一到了人手里，就全变坏了。"②文明人毫无怨言地带着他们的枷锁，野蛮人则决不向枷锁低头，他宁愿在风暴中享受自由，不愿在安宁中受奴役。他热诚地呼喊：还是回到我们的茅屋去住吧，住在茅屋里比住在这里的皇宫还舒服得多！他所指的"自然"，不仅是纯朴的自然界，更重要的是自然的情感，自然的天性。卢梭把自然状态这个概念作为一个标准和规范来使用。卢梭只是以纯朴的自然状态作为一种理想的参照物来批判邪恶的文明社会。

他发出了挽救人类自然情感的呼喊。那探究人类情感的、质朴而不朽的教育思想著作《爱弥儿》曾经使康德激动不已。他断然宣称："我决定在我的一生中选择感情这个东西。"

卢梭致力于个性的张扬与解放，对自然情感的歌颂，对大自然的美的细腻观察和优美描写，以及它的耽于幻想、充满感伤之情的文风，在其后几乎所有重要的浪漫主义作品中都留下了深刻印迹。

从卢梭开始，理想和现实的矛盾一直是浪漫主义文学的主题之一。他强调人类情感中所固有的直觉、自发性、本能、热情、意志和欲望等创造作用。而这些正是长期以来被古典主义和启蒙运动的主流所忽视或低估的。

在《爱弥尔》一书中，他认为："一切真正美的典型存在于大自然之中。"这种美是来自造物主，也就是来自上帝。他认为人类应该追求的是这种真正的自然美。当然，按照卢梭的想法，这种美也包括符合自然和人类本性的道德美。他反对追求那种违背自然的"臆想的美"，所谓臆想的美是指完全由人兴之所至和凭权威来断定的美。

纪念卢梭的革命寓意画
因为卢梭是提出普遍意愿的理论家，所以他被看作是法国大革命之父。

为了追求真正的美，他提出了审美力这个概念。审美力就是对大多数人喜欢或不喜欢的事物进行判断的能力。他认为审美力是人的一种天赋感受力。审美力因人而异。一定的社会环境可以培养审美力。

卢梭把自然美作为审美的标准："假如美的性质和对美的爱好是由大自然刻印在我的心灵深处的，那么只要这形象没有被扭曲，我将始终拿它做准绳。"但是他还认为审美的标准是有地方性的，许多事物的美或不美，要以一个地方的风土人情和政治制度为转移；而且有时候还要随人的年龄、性别和性格的不同而不同，在这方面，我们对审美的原理是无可争论的。①

正如卢梭自己在 1782 年出版的自传《忏悔录》中所说："不管末日审判的号角什么时候吹响，我都敢拿着这本书走到至高无上的审判者面前，果敢地大声说："'请看！这就是我所做过的，这就是我所想过的，我当时就是那样的人。'不论善和恶，我都同样坦率地写了出来……万能的上帝啊！我的内心完全暴露出来了，和你亲自看到的完全一样，请你把那无数的众生叫到我跟前来！让他们听听我的忏悔，让他们为我的种种堕落而叹息，让他们为我的种种恶行而羞愧。然后，让他们每一个人在您的宝座前面，同样真诚地披露自己的心灵，看看有谁敢于对您说：'我比这个人好！'"

---

①李醒尘：《西方美学史教程》第 155 页，北京大学出版社 2005 年第 2 版。

第三章
狄德罗现实主义美学的胜利

德尼·狄德罗（Denis Diderot，1713 年～1784 年）是"百科全书派"的精神领袖，《百科全书》的主编和组织者，18世纪法国启蒙哲学的杰出代表，而且是重要的文学家、出色的艺术批评家和美学理论家，他为戏剧、绘画和美学建立了完整的理论体系。

他的最大成就是编著《百科全书》（1751 年～1772 年）。此书概括了 18 世纪启蒙运动的精神。《百科全书》有 28 卷，从 1751 年出版第一卷到 1772 年发行最后一卷，前后经历了21 年的时间。狄德罗为它倾注了毕生的精力，这是他一生中最杰出的贡献。

1713 年 10 月 5 日，狄德罗生于法国朗格尔（Langres）一个有名的制刀师傅家庭。在那里，经营刀剪业是一种光荣。从 13世纪起，许多刀剪匠定居，每家都有自己的商标。他家道小康，童年曾受过耶稣会学校教育，15 岁毕业，志愿为神父。

他父亲最虔诚于宗教，亲自送他到巴黎，进路易大帝学校就读。但是到了巴黎之后，他的求知欲大开，几乎无所不读，无所不究。19岁得学位，即弃神学，

写给青少年的
美学故事

狄德罗像
狄德罗早期的作品都不成功。《哲学思想录》被巴黎最高法院下令公开销毁，又因写《谈盲人的信》而入狱，但后来编纂的《百科全书》使他青史留名。

改学法，由于拒绝做神父，他父亲大怒，从此不再接济他。为生活所迫，他当过家庭教师、起草布道程、翻译文稿，又从事写作，他都甘愿为之，因此他也结交了不少朋友。

当时狄德罗的生活，像他在《拉摩的侄儿》中所写的那样："他过一天算一天，忧愁或快活，随境遇而安。他早晨起来的时候，第一件事是要知道在哪儿吃早饭；午饭后他便想想到什么地方去吃晚饭。夜晚也给他带来不安，他或者步行回到他所住的顶楼……或者他就转到酒店里去，在那里用一片面包一瓶啤酒来等候天亮。"拉摩的侄儿是他自己的化身。

1743 年，他同美丽的麻布织工 A·尚皮昂（A.Chonpion）结婚，翌年又有一女。再过三年之后，又与一位交际花毕西尤（Puisieux）结识，成为红颜知己，为她撰写论文，主张"热情能使智慧升华"，颇受时人赞誉。

他兴趣广泛，博览各种科学和哲学书籍，尤其是培根和霍布斯的论著，口袋里经常装有荷马和维吉尔的作品。生活在孟德斯鸠、伏尔泰和卢梭等极有影响的人的社会中，他获得了大家一致同意的绰号"哲学家"，如果有人说，"我遇到了哲学家"，那就指的是狄德罗，不会发生误会的。

狄德罗和达朗贝尔
这两位《百科全书》的主人的周围都是编写这部著作的合作者。

1746 年他 33 岁时，遇见一书店老板，请他翻译英国出版的百科全书，同时希望他就当时法国的需要，酌予增删，他答应了，但着手译书时就发现很多错误，因此他改变原意而正式编撰一部新的百科全书，结合了各科的作家共同从事。邀请当时在科学界已负盛名的青年数学家达朗贝尔担任副主编。孟德斯鸠、伏尔泰、卢梭、孔多塞、魁奈等都

狄德罗主编的《百科全书》，路易十六藏。

为《百科全书》写过大量的词条。布封、孔狄亚克和爱尔维修等人也是这项工作的坚定支持者。狄德罗本人一共为《百科全书》撰写了 1139 个词条。

不过在编撰期间，遭遇到极多的阻力，由于当时的法国政府和教会都不开明，检查很严，屡遭停刊。终于到了 1765 年完成，狄德罗的名气大噪。帝俄皇后叶卡捷琳娜二世（Catherine II）1763 年就与他通信，邀请他赴俄。1773 年他终于赴俄，为俄皇室的上宾，住了七个月回法。

1784 年 7 月 30 日，狄德罗吃过晚饭后，坐在桌边，用肘撑着桌子就溘然长逝了。直至临终前不久，他还同朋友们谈论科学和哲学。他女儿听到他讲的最后一句话是："迈向哲学的第一步，就是怀疑。"

正如恩格斯认为的那样：狄德罗是为了"对真理和正义的热诚，而献出了整个生命"的人。

还有一个趣闻是关于这位哲学家的，那就是狄德罗效应。200 年后，美国哈佛大学经济学家朱丽叶·施罗尔在《过度消费的美国人》一书中，提出了一个新概念——"狄德罗效应"，又称"配套效应"，取材就是哲学家狄德罗的故事。

有一天，朋友送他一件质地精良、做工考究的睡袍，狄德罗非常喜欢。可他穿着华贵的睡袍在书房走来走去时，总觉得家具不是破旧不堪，就是风格不对，地毯的针脚也粗得吓人。于是，为了与睡袍配套，旧的东西先后更新，书房终于跟上了睡袍的档次，可他却觉得很不舒服，因为"自己居然被一件睡袍胁迫了"，就把这种感觉写成一篇文章叫《与旧睡袍别离之后的烦恼》。这就是"狄德罗效应"。

狄德罗的哲学观是唯物主义的。狄德罗认为世界统一于物质。物质世界是普遍联系的，自然界是一个整体，"如果现象不是相互联系着，就根本没有哲学"。

"教育使人发现自己的尊严，就是奴隶也能够很快地感觉到他不是生而为奴隶的。"
——狄德罗

在认识论上，狄德罗坚持感官是观念的来源、感觉是对外部世界的反映。狄德罗强调认识的先决条件是承认客观世界的存在和对我们的作用。"我们就是赋有感受性和记忆的乐器。我们的感官就是键盘，我们周围的自然弹它，它自己也常常弹自己；依照我们判断，这就是一架与你我具有同样结构的钢琴中所发生的一切。"他把贝克莱的主观唯心主义比作是"一架发疯的钢琴，因为它不要人弹奏会自己响"，"在一个发疯的时刻，有感觉的钢琴曾以为自己是世界上存在的唯一的钢琴，宇宙的全部和谐都发生在它身上。"[①]

唯心主义哲学家"只意识到自己的存在，以及那些在他们自己的内部相继出现的感觉，而不承认别的东西：这种狂妄的体系，在我看来，只有瞎子那里才能产生得出来；这种体系，说来真是人心和哲学的耻辱，虽然荒谬绝伦，可是最难驳斥。"狄德罗哲学代表了 18 世纪唯物主义哲学的最高水平。

狄德罗基于其唯物主义观点，对 18 世纪的欧洲流行的主观主义、相对主义、神秘主义美学观进行了清算。提出"美在关系"说。

美在关系是狄德罗整个美学理论、艺术实践的精髓，贯穿其审美本质理论、审美欣赏理论、审美创作理论之中。狄德罗说："对关系的感觉创造了美这个字眼。随着关系和人的思想的变化，人们创造出好看的，美丽的，迷人的，伟大的，崇高的，绝伦的，以及诸如此类与物质与精神有关的无数字眼。"所谓"关系"指的就是万物皆有的一种品质。联系到他的唯物主义，也即指处于运动和变化过程中的万事万物内部各要素之间以及与外部环境的客观必然联系。但是，并非事物的任何关系都美。

美的"关系"是指由感官知觉到事物的一定形式的实在关系。只有美的形式显现于外并通过主体感官悟性所注意到的实在"关系"才是美的本质。狄德罗给美下的定义："我把凡是本身含有某种因素能

---

①《狄德罗选集》第 106、129、133 页，商务印书馆 1983 年版。

够在我的悟性中唤起'关系'这个概念的，叫作外在于我的美；凡是唤起这个概念的一切，我称之为关系到我的美。"狄德罗认为美的本质是："它存在，一切物体就美，它常在或不常在——如果它有可能这样的话，物体就美得多些或少些，它不在，物体就不再美了。"[1]

狄德罗用高乃依的悲剧《贺拉斯》那句广为熟知的话"让他死"来说明这个问题。当一个人对这出戏一无所知，不了解这三个字有什么关系时，便看不出是美还是丑。当他了解到这是一个人在被问及另一个人应该如何进行战斗时所做的答复，这句话就显得有些悲壮而苍凉。当他更进一步地被告知被问的那个人是一位罗马老人，在回答他女儿的问话，他要让唯一剩下的小儿子去同杀死他两个哥哥的三个敌人为祖国荣誉而生死决斗。这样"让他死"这句话随着环境和关系的逐步揭露而更美，终于显得崇高而伟大了。

现实主义美学

写给青少年的
美学故事

狄德罗将"真"作为美的基础，要求艺术家按照事物的本来面目揭示出其内在联系及必然规律，他说："艺术中的美和哲学中的真都根据同一个基础，真是什么？真就是我们的判断与事物的一致。模仿性艺术的美是什么？这种美就是所描绘的形象与事物的一致。"这样，狄德罗在一定程度上克服了当时盛行于欧洲的以物体外在形式作为美感根源的形式主义美学倾向。

美学辞典

现实主义 Realism：一般被定义为关于现实和实际而排斥理想主义，19世纪30年代后欧洲文艺中占主导地位的文艺思潮和流派；也指文艺创作的一种原则和方法。德国诗人席勒在1789年4月27日致歌德的信中第一次从美学意义上使用"现实主义"这个词。在艺术或文学中将事物、行为或社会状况按其起初情况进行的表现，其注重事实或现实，而不用模糊的形式来表现或理想化。在文学艺术创作中，现实主义是与浪漫主义并驾齐驱的两大思潮。

---

[1]狄德罗著：《狄德罗美学论文选》第24～25页，人民文学出版社1984年版。

狄德罗像

狄德罗认为艺术作品既要揭示事物的各部分因果联系及其发生发展的内在规律，又要融进艺术家的意趣和匠心，表现艺术家的风格和主观理想，做到情理交织、物我融合。"对于他（诗人），重要的一点是做到奇异而不失为逼真"。因而，狄德罗认为自然的美是第一性的，艺术形象的美是第二性的。

文艺应当说真话，真实地反映客观现实，文艺的力量就在于真实。艺术家应当服从自然，服从真实。他向艺术家提出：切勿让旧习惯和偏见把你淹没，让你的趣味和天才指导你，把自然和真实表现给我们看。

狄德罗的自然就是客观的物质世界，不仅是自然界，还包括全部的社会生活。关于文艺创作的标准问题，他从文艺模仿自然的立场出发，极力强调文艺的真实性。他认为：文艺的规则和标准不应当是人为的主观的，文艺应当全面、真实地反映现实。只有真实才是文艺优劣美丑的最高标准。

在狄德罗看来，只有建立在和自然万物的关系上的美才是持久的美。狄德罗认为，生活是文艺的源泉。他指出，只有通过亲自观察才能对生活实践形成真正的概念。艺术家应该走出自己狭小的圈子，摆脱旧的文艺规则和审美趣味。深入生活，观察、体验社会各阶层的各式各样的人物，研究人生的幸福与苦难，把丰富生动的现实生活真实地描绘出来。他说：你要想认识真理，就得深入生活，去熟悉各种不同的社会情况，试住到乡下去，住到茅棚里去。访问左邻右舍，最好是瞧一瞧他们的床铺饮食、房屋等等。这样你就会了解到那些奉承你的人设法瞒过你的东西。

在新的历史条件下，狄德罗重申了文艺模仿自然这一观点，指出文艺的真实性这个标准问题，提出了自己唯物主义的现实主义美学。狄德罗更接近法国新古典主义，但是又向前推进了一步。

第四章
美学学科的正式创立

亚历山大·戈特利布·鲍姆加登（1714 年 6 月 17 日~1762 年 5 月 26 日），德国哲学家、美学家，被称为"美学之父"。主要著作有《关于诗的哲学沉思录》、《美学》、《形而上学》等。

勃兰登堡门
勃兰登堡门是柏林的重要象征，伟大的美学家鲍姆加登就出生于柏林。

鲍姆加登 1714 年 6 月 17 日出生于柏林。他的父亲是当时卫戍部队的布道牧师，他是 7 个孩子中的第五个，其兄是神学家。其父生活淡泊，操守严谨，学识渊博，勤于职守，在任上颇受尊敬。当他 8 岁的时候，其父母就先后去世了。父亲留给儿子的除了大量的藏书以外，还有的就是清贫和一条严格的戒律：在他去世以后，不许他们接受任何形式的奖学金和一切社会救济（例如资助贫困学生的免费午餐），显示出一位以普度众生为己任的神职人员所能显示的对职业的最高忠诚。他还嘱咐儿子们去哈勒学习神学，哈勒处在当时普鲁士统治下的德国的神学中心和学术中心。

少年的鲍姆加登通过兄弟们的资助就读于柏林的中学。"从我开始学习古典人文学科以来，我的进步始终是在我的极为睿智的启蒙老师，令人敬仰的柏林文科高中的副校长、著名的克里斯特高的激励下取得的，提起他，我不

能不还有最深挚的感激之情，正是从那时起，我几乎不能一日无诗。"因为当时的学术经典文献都是拉丁文或者是希腊文，不懂拉丁文就莫谈学术。当时的德国的文科中学便是教授拉丁文与希腊文的专门学校。

1727 年，作为一名优秀文科毕业生，他遵从父亲的遗愿来到了位于东萨勒河畔的名城哈勒，成为著名神学家兼教育家弗兰克的关门弟子。他先在哈勒德孤儿院苦修三年，然后于 1730 年考进哈勒大学，继续学习神学。

鲍姆加登在 1735 年发表的博士论文《关于诗的若干前提的哲学沉思录》中就首次提出建立美学学科的建议。正如他自己所说："我永不完全抛弃诗，我对诗是估价甚高的，不仅为了纯粹的欣赏，而且为了他显然有用。"这本书是献给资助自己完成学业的长兄纳塔奈勒的。至 1750 年他特地从希腊文中找出了"Aesthetica"来命名他的研究感性认识的一部专著。至此，美学作为一门西方近代人文科学诞生。当然，鲍姆加登的意义不仅在于命名和提出建议，而且为美学学科的建立付出了毕生精力。

获得博士学位的他留校任教。1739 年，25 岁的他被任命为奥得河畔的法兰克福的大学教授，鲍姆加登应聘法兰克福大学的教授是用拉丁文的骈体来宣讲的，让时人惊羡不已。可见其对拉丁文的精通。而且他的著作都是用拉丁文出版的。由于他在哈勒的授课深受学生们的欢迎，学生们纷纷上书挽留，他只得延迟到 1740 年才去上任。

1742 年他开始在大学里讲授"美学"这门新课，在 1750 年和1758 年正式出版《美学》第一卷和第二卷。在《美学》中他实现了学位论文中的建议，驳斥了十种反对设立美学学科的意见，初步规定了这门科学的对象、内容和任务，确定了它在哲学科学中的地位，使美学成为一门独立的学科。

1750 年常被看作美学成为正式学科的年代，鲍姆加登也由此获得了"美学之父"的称号。正如克罗齐所说："这是巨人的步伐，是的，是鲍姆加登取得了这门新科学之父——不是义父而是亲父——称号。"

《美学》第一卷刚出版，1751 年，37 岁的鲍姆加登由于健康状况恶化，不得不卧床休养。在几乎丧失工作能力的情况下，他坚持在

《维纳斯的诞生》是波提切利 (1445 年 ~ 1510 年) 的现实主义绘画名作，大概创作于 1432 年左右。维纳斯的希腊文原名为阿佛洛狄忒，意思是来自泡沫。此画表现女神维纳斯从爱琴海中浮水而出，风神、花神迎送于左右的情景。她美艳无比又非常浪漫，掌管动植物的繁衍与人间爱情等 6 项职务。维纳斯作为美和爱的化身，是美和理性的典范。可以说谈到美学，维纳斯是不可回避的。

1758 年出版了《美学》第二卷。这本书没有按照构想写完，1762 年 5 月 26 日，他怀着未竟的愿望和深深的遗憾，在久病 11 年之后与世长辞，年仅 48 岁。

他以悲怆而崇高的话来结束其《美学》第二卷的短序："亲爱的读者，如果你是强者，你会注意我、认识我，最后会爱我，你从我和他人那里懂得命运。病魔来回折磨我足有 8 个年头，看来无法医治。必须及早地习惯于很好思维。如今，我要做些什么，的确，我不知道作为一个男人是否这样做。"他的一生俨然像圣徒一样。

美学学科的创立

美学的英语是 Aesthetics 或 esthetics；德文是 Asthetik；拉丁文是"Aesthetica"，这个词原来不存在，是鲍姆加登为了与原来的拉丁词 Sensus（英文的 Sense，感觉的）相区别而从希腊文创造的，直译就是"感性学"。因为感性可以分为外在的和内在的，前者作为一种自我感知产生于"我"的身体而与所有的感官相关，后者则仅仅产生于"我"的心灵，故而"感性学"这个词包含两层意思。它包含的第二层意思：它来自心灵；它是内在的；它是不明确的。鲍姆加登正是在这个意义上使用的，它不是经验的感觉或知觉（Sensus），而是对这种经验的感觉的超越。美学（Aesthetica）就是感性认识和感性表现的科学（作为认识能力下的逻辑学、认识论之下的理论、美的思维的艺术、类理性的艺术）。鲍姆加登自己用德文解释道：Aesthetica 是"美的科学"。汉语中的美学来自日本，日本人用汉名"美学"对译德文 asthetik，并在 1907 年以前传入中国。①

维纳斯：容貌美丽动人，眼神忧伤。

典雅的气质：手放胸前，秀发遮羞，表现出维纳斯的高贵、优雅。

飞扬的玫瑰：传说与维纳斯同时诞生，玫瑰也便成了爱的象征。

美丽的橘子树：与维纳斯高贵的仪态保持风格的一致。

贝壳下的海浪：作者着意突出了此处的白色浪花。

荷莱依：作为时间女神，她象征春天。她身着华丽的刺绣衣服。

鲍姆加登指出：美学（美的艺术的理论，低级知识的理论，用美的方式去思维的艺术，类比推理的艺术）研究感性知识的科学。他要到人的主观认识中寻找美的根源。这预示了近代西方美学的新方向。鲍姆加登把莱布尼茨－沃尔夫派的命题"美是感官认识到的完善"修定为"美是感性认识本身的完善"。鲍姆加登"是最先克服了'感觉论'和'唯理论'之间的对立，并对'理性'和'感受性'做出新的富有成效的综合的思想家之一"。

鲍姆加登认为："美学的对象就是感性认识的完善，这就是美；与此相反的就是感性认识的不完善，这就是丑。"美学是以美的方式去思维的艺术，是美的艺术的理论。作为感性认识的美学，目的是达到感性认识的完善。而完善这一概念，是鲍姆加登从沃尔夫那里继承而来，在鲍姆加登这里，完善既有理性认识的内容，又有感性认识的内容。意味着整体对部分的逻辑关系即多样性的统一的"完善"是美的最高的理性尺度，"美学的目的是感性认识本身的完善"。

要达到感性认识的完善，须有三个条件：思想内容的和谐、次序和安排的一致和表达的完美。他的感性认识包括情感、直觉、想象、记忆。艺术作品中的内容的真实、鲜明、丰富、可信、生动，是一件"美"的艺术作品的最重要标准。

鲍姆加登提出审美的真实性。鲍姆加登认为科学和艺术都追求真，但两者追求真的方式却是不一样的。"诗人理解道德的真理，和哲学家所用的方式不同；一个牧人看日月食，也和天文学家所用的眼光不同。"科学的求真要求用完善的理性，通过个别事物具体的、生动的、表象的舍弃，抽象出具有高度概括力的一般概念；而审美的求真则正好和前者相反，它是运用"低级的感性认识"，尽量把握事物的完善，"在这个过程中尽可能地少让质料的完善蒙受损失，并在为了达到有趣味的表现而加以琢磨的过程中，尽可能少地磨掉真所具有的质料的完善。"

卡西尔说："鲍姆加登美学的目的就是要给心灵的低级能力以合法地位，而不是要压制和消灭它们。"鲍姆加登认为审美经验中同样

---

① 参见阎国忠主编：《西方著名美学家评传》中卷，安徽教育出版社1991年版，鲍姆加登一节；　蒋孔阳主编：《西方美学通史》第3卷第791页，上海文艺出版社。

包含着普遍的真理性，即"审美的真"。这种真实，不是通过理性的逻辑思维所能达到的，而是通过具体的形象感觉形成的。

"美学家不直接追求需要用理智才能把握的真"，而是在对具体的感性形象的体验中领悟这种普遍性。认为"并非所有的假在审美领域内也是假的"。假（丑）的事物如果符合"感性认识的真完善"，就是真（美）的，而真（美）的事物如果不符合这一标准，就是假（丑）的。真或假在这里似乎与事物本身的性质无关，而只关系到感性认知的方式。甚至有些假例如文艺作品中的虚构，在审美领域里可能比现实生活中的事实更真、更美。他认为"能激起最强烈的情感的就是最有诗意的"。

正如吉尔伯特在《美学史》中所说：鲍姆加登把各种尚未展开的认识汇集起来，精心拟定了一种体系；这种体系能够从理性上证明不完全的哲学家和文艺批评家的种种"瞥见"，而且，它还能够为一百年之后它的至高点——即康德的《判断力批判》指出方向。鲍姆加登的这种体系，不仅仅为后来研究美的理性构成奠定了坚实的基础。可

以这样说（事实上，人们已不止一次地这样说过），德国美学为德国民族文学的繁荣时代——德国诗歌和戏剧的伟大时代，开辟了道路。

三美神　意大利　拉斐尔
《三美神》是拉斐尔早期的作品，体现出静中有动、美而不媚的风格，构图讲究均衡与集中。人物恬静、安宁，贤淑秀美。拉斐尔创作的人物形象，体现了真实美和理想美的完美结合。

第六编
19 世纪美学

　　19 世纪美学思想呈现出了多元发展的端倪，叔本华、尼采的非理性美学思想直接影响到了西方现代主义美学的发展，实验美学和移情美学则开辟了美学研究的全新领域；王国维是中国近代美学的重要代表，他以西方学术方法研究中国古典美学，是中国学术研究现代化的开端。

第一章
叔本华的非理性美学

阿瑟·叔本华(Arthur Schopenhauer,1788年~1860年),德国哲学家。他被称作"悲观主义的哲学家",但是罗素说:"假若我们可以根据叔本华的生活来判断,可知他的论调也是不真诚的。"

阿瑟·叔本华1788年2月22日生于但泽(即今波兰的格但斯克),父亲是一个大银行家,相貌令人不敢恭维,且脾气也很暴躁,后自杀。其大部分遗产由叔本华继承,使这位未来的哲学家终生过着优裕的生活,叔本华死后财产都捐献给了慈善机构;他的母亲约翰娜·特洛西纳则聪明美丽,且富文学才华,外国语也说得很流利,后来成为歌德在魏玛圈子里的知名人物和著名的小说家。叔本华从小孤僻,傲慢,喜怒无常,并带点神经质。叔本华说:"我的性格遗传自父亲,而我的智慧则遗传自母亲。"

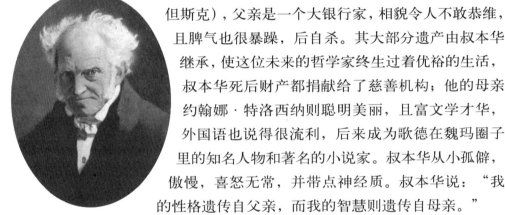

叔本华像

叔本华是新的生命哲学的先驱者,他从非理性方面来寻求哲学的新出路,提出了生存意志论。他对人间苦难很关注,被称为"悲观主义哲学家"。他所开启的非理性哲学对后世思想发展影响深远,而他的美学思想也是非理性的。

1797年7月,阿瑟和父亲一起去巴黎和勒阿弗尔。他在那儿学习法语和法国文学。1799年8月,叔本华回到汉堡。叔本华根据父亲的意愿决定不上文科学校学习,决定将来不当学者。并在父亲的刻意安排下,进入一所商业学校读书,以便将来能继承父业。1803年5月3日他开始了一次旅行,周游了荷兰、英国、法国和奥地利,并开始学习经商。1805年4月20日叔本华的父亲自杀。叔本华在他父亲去世后,因嫌恶商业生活的庸俗和市侩味道而脱离开从商生活,踏上学术研究之路。1804年8月25日结束在国外的旅行。1811年9月,叔本华开始在柏林大学学习两年,约翰·戈行里布·

"如果对人生做一个总体的考察，如果我们只强调结局，那么人生总是一场悲剧，只有在细节上才有喜剧的意味。"

——叔本华

费希特在大学执教。1814 年 5 月，叔本华和他母亲彻底决裂。叔本华离开魏玛，后在德里斯顿住了四年。

1819 年年初《作为意志和表象的世界》出版，从而奠定了他的哲学体系。他为这部悲观主义巨著做出了最乐观的预言："这部书不是为了转瞬即逝的年代而是为了全人类而写的，今后会成为其他上百本书的源泉和根据。"然而该书出版 10 年后，大部分是作为废纸售出的，极度失望的叔本华只好援引别人的话来暗示他的代表作，说这样的著作犹如一面镜子，"当一头蠢驴去照时，你不可能在镜子里看见天使"。

约翰娜·叔本华

约翰娜是叔本华的母亲，丈夫去世后，她搬到了魏玛，在那里举办了一个文学沙龙，接待过歌德和格林兄弟等人。不过，叔本华与她的关系并不好。

1819 年 12 月 31 日叔本华申请在柏林大学当哲学讲师。叔本华和黑格尔发生争执，他试图和黑格尔在讲台上一决高低，结果黑格尔的讲座常常爆满，而听他讲课的学生却从来没有超出过三个人。于是叔本华带着一种愤然的心情凄凉地离开了大学的讲坛。叔本华说："要么是我配不上我的时代，要么是这个时代配不上我。"

1831 年 8 月 25 日叔本华因惧怕霍乱病而离开柏林。1833 年 7 月 6 日，叔本华定居在美茵河畔法兰克福，在那里埋头读书、写作和翻译，度过了最后寂寞的岁月。垂暮之年的叔本华过着十分孤独的生活，陪伴他的只有一条叫"世界灵魂"的卷毛狗。

1859 年，《作为意志和表象的世界》第三版受到空前的欢迎，他喜不自禁地说是"犹如火山爆发，全欧洲都知道这本书"。他在这一版的序言中对自己的哲学命运作了总结："当这本书第一版问世时，我才 30 岁；而我看到第三版时，却不能早于 72 岁。对于这一事实，我总算在彼得拉克的名句中找到了安慰；那句话是：'谁要是走了一整天，傍晚走到了，就该满足了。'我最后毕竟也走到了。在我一生

写给青少年的
美学故事

的残年既看到了自己的影响开始发动，同时又怀着我这影响将合乎'流传久远和发迹迟晚成正比'这一古老规律的希望，我已心满意足了。"

1860 年 9 月 9 日叔本华得肺炎。1860 年 9 月 21 日，他起床洗完冷水浴之后，像往常一样独自坐着吃早餐，一切都是好好的，一小时之后，当佣人再次进来时，发现他已经倚靠在沙发的一角，永远睡着了。他的临终遗嘱是：希望爱好他的哲学的人能不偏不倚地、独立自主地理解他的哲学。

叔本华开创了唯意志主义、生命哲学流派，开启了非理性主义哲学。近代的思想家、文学家、艺术家如尼采、瓦格纳、托马斯·曼等人，无不直接或间接地受到叔本华哲学的影响，尼采十分欣赏他的作品，曾作《作为教育家的叔本华》来纪念他。他说："我像一般热爱叔本华的读者一样，在读到最初一页时，便恨不得一口气把它全读完，并且我一直觉得，我是很热心注意倾听由他的嘴唇里吐出来的每一个词句。"瓦格纳也把歌剧《尼伯龙根的指环》献给叔本华。虽然他创作这部歌剧时，尚未读过叔本华的著作。国学大师王国维的思想亦深受叔本华的影响，在其著作《人间词话》中以消化吸收的叔本华理论评宋词，成就颇高。

作为意志和表象的世界

叔本华哲学是从德国古典理性主义向现代非理性主义过渡的最后一环。

叔本华说：至少是我的哲学就根本不问世界的来由，不问为何有此世界，而只问这世界是什么。他说："一切一切，凡已属于和能属于这世界的一切，都无可避免地带有以主体为条件的，并且也仅仅只是为主体而存在。"那认识一切而不为任何事物所认识的，就是主体。因此，主体就是这世界的支柱，是一切现象，一切客体一贯的，经常作为前提的条件；原来凡是存在着的，就只是对于主体的存在。

"一切天生之物总起来就是我，在我之外任何其他东西都是不存在的。""他不认识什么太阳，也不认识什么地球，而永远只是眼睛，是眼睛看见太阳；永远只是手，是手感触着地球。"世界与人的关系是表象和表象者的关系。而表象的世界是"现象"的世界，在它之外还有一个世界即被作为"自在之物"的意志。

现象不可分离地伴随意志。"这世界的一面自始至终是表象，正如另一面自始至终是意志。"真正存在的东西只能是意志。意志是这世界的内在本质。意志是无处不在的：人有意志，动物有意志，植物也有意志。"那一掷而飞入空中的石子如果有意识的话，将被认为它是由于自己的意志而飞行的。"人的真正存在是意志。例如，人的牙齿、食道、肠的蠕动就是客体化的饥饿，生殖器就是客体化的性欲；人最根本的东西是情感和欲望，也就是意志，而且人的记忆、性格、智慧等等一切心理意识现象，甚至连人的肉体的活动，都是由意志所决定的。世界只是这个意志的一面镜子。人的两性关系、爱情、婚姻无非是实现生殖意志的工具，也是生命意志的工具。

叔本华认为，借助艺术尤其是音乐，人类可以从痛苦中解脱出来，音乐是抽象的，能使人获得超越时空的体验。阿德里安范·奥斯塔德的这幅《乡村音乐会》(1638 年)就表达了音乐能够给人快乐的主题。

写给青少年的
美学故事

"意志自身在本质上是没有一切目的，一切止境的，它是一个无尽的追求。"永远的变化，无尽的流动是属于意志的本质之显出的事。"一切欲求皆出于需要，所以也就是出于缺乏，所以也就是出于痛苦。"从愿望到满足又到新的愿望这一不停地过程，如果辗转快，就叫作幸福，慢，就叫作痛苦；如果陷于停顿，那就表现为可怕的，使生命僵化的空虚无聊，表现为没有一定的对象，模糊无力地想望，表现为致命的苦闷。——根据这一切，意志在有认识把它照亮的时候，总能知道它现在欲求什么，在这儿欲求什么；但绝不知道它根本欲求什么。每一个别活动都有一个目的，而整个的总欲求却没有目的。

叔本华曾引用普卢塔克的话：人生既充满如许苦难和烦恼，那么人们就只有借纠正思想而超脱烦恼，否则就只有离开人世了。人们已经看清楚，困苦、忧伤并不直接而必然地来自"无所有"，而是因为"欲有所有"而仍"不得有"才产生的；所以这"欲有所有"才是"无所有"成为困苦而产生伤痛唯一必需的条件。"导致痛苦的不是贫穷，而是贪欲"。

莎士比亚说：我们渺小的一生，睡一大觉就圆满了。而叔本华认为人生与梦都是同一本书的页子，依次连贯阅读就叫作现实生活。或者干脆地说：人生是一场大梦。"人的最大罪恶就是：他诞生了。"解脱之道，一是佛教的涅槃，二是哲学和道德，三是艺术，在艺术直观中达到"自失"境界。因为，"理性使我们失去对直觉的敏感，使我们与具体

失乐园 意大利 马萨乔

这幅画集中体现了马萨乔的艺术风格与追求，画中夏娃紧闭双眼、号啕痛哭，亚当则双手蒙面啜泣。离开乐园的恐惧、绝望和悲恸情感被表现得淋漓尽致、恰到好处。作品传达的痛苦情绪使画面充满了悲剧性气氛。这也许是叔本华认为"生存自身就是不息的痛苦"的原因。

"人生在痛苦和无聊之间像钟摆一样地来回晃动。"
——叔本华

事物脱节"。所以，要审美直观。审美是暂时摆脱痛苦的途径之一。

叔本华的主要美学范畴——媚美、优美、壮美——都是相对于意志而言的。叔本华认为审美是"纯粹的观审，是在直观中浸没，是在客体中自失，是一切个体性的忘怀"。

"由于生命的自在本身，意志，生存自身就是不息的痛苦，一面可哀，一面又可怕，然而，如果这一切只是作为表象，在纯粹直观之下或是由艺术复制出来，脱离了痛苦，则又给我们演出一出富有意味的戏剧。"而这些都离不开认识，而认识总是服服帖帖为意志服务的，认识也是为这种服务而产生的；认识是为意志长出来的，有如头部是为躯干而长出来的一样。在动物，认识为意志服务，是取消不了的。在人类，停止认识为意志服务也仅是作为例外出现的。"要么为自己获致理性，要么就是安排一条自缢的绞索。"因为"在认识一经出现时，情欲就引退"。所以能暂时摆脱痛苦。这种只能当作例外看的过渡，是在认识挣脱了它为意志服务的关系时，突然发生的。这正是由于主体已不再仅仅是个体的，而已是认识的纯粹而不带意志的主体了。这种主体已不再根据诸形态来推敲那些关系了，而是栖息于、浸沉于眼前对象的亲切观审中，超然于该对象和任何其他对象的关系之外。如果人们由于精神之力而被提高了，放弃了对事物的习惯看法，不再根据诸形态的线索去追究事物的相互关系——这些事物的最后目的总是对自己意志的关系——即是说人们在事物上考察的已不再是"何处"、"何时"、"何以"、"何用"，而仅仅只是"什么"，也不是让抽象的思维、理性的概念盘踞着意识，而代替这一切的却是把人的全副精神能力献给直观，浸沉于直观，并使全部意识为宁静地观审恰在眼前的自然对象所充满，不管这对象是风景，是树木，是岩石，是建筑物或其他什么。人在这时，按一句有意味的德国成语来说，就是人们自失于对象之中了，也即是说人们忘记了他的个体，忘记了他的意志；他也仅仅只是作为纯粹的主体，作为客体的镜子而存在；好像仅仅只有对象的存在而没有觉知这对象的人了，所以人们也不能再把直观者其人和直观本身分开来了，而是两者已经合一了；这同时即是整个意识

写给青少年的
美学故事

完全为一个单一的直观景象所充满，所占据。所以，客体如果是以这种方式走出了它对自身以外任何事物的一切关系，主体也摆脱了对意志的一切关系，那么，主体所认识的就不再是如此这般的个别事物，而是理念，是永恒的形式，是意志在这一级别上的直接客体性。并且正是由于这一点，置身于这一直观中的同时也不再是个体的人了，因为个体的人已自失于这种直观之中了。他已是认识的主体，纯粹的、无意志的、无痛苦的、无时间的主体。这也就是在斯宾诺莎写下"只要是在永恒的典型下理解事物，则精神是永恒的"这句话时，浮现于他眼前的东西。只有在上述的那种方式中，一个认识着的个体已升为"认识"的纯粹主体，而被考察的客体也正因此而升为理念了，这时，作为表象的世界才能完美而纯粹地出现……因为谁要是按上述方式而使自己浸沉于对自然的直观中，把自己都遗忘到了这种地步，以致他也仅仅只是作为纯粹认识着的主体而存在，那么，他也就会由此直接体会到他作为这样的主体，乃是世界及一切客观的实际存在的条件，从而也是这一切一切的支柱，因为这种客观的实际存在已表明它自己是有赖于他的实际存在的了。所以他是把大自然摄入他自身之内了，从而他觉得大自然不过只是他的本质的偶然属性而已。在这种意义之下拜伦说：

难道群山，波涛，和诸天
不是我的一部分，不是我
心灵的一部分，

正如我是它们的一部分吗？

在认识甩掉了为意志服务的枷锁时，在注意力不再
集中于欲求的动机，而是离开事物对意志的关系而
把握事物时，所以也即是不关利害，没有主观性，
纯粹客观地观察事物，只就它们是赤裸裸的表象
而不是就它们是动机来看而完全委心于它们时；
那么，在欲求的那第一条道路上永远寻求而又永
远不可得的安宁就会在转眼之间自动地光临而我
们也就得到十足的怡悦了。这就是没有痛苦的心
境，伊壁鸠鲁誉之为最高的善，为神的心境，原来
我们在这样的瞬间已摆脱了可耻的意志之驱使，我们
为得免于欲求强加于我们的劳役而庆祝假日，这时伊

拜伦像

克希翁的风火轮停止转动了……这样，人们或是从狱室中，或是从王宫中
观看日落，就没有什么区别了。

写给青少年的
美学故事

　　只要摆脱了为意志服务的奴役就会转入纯粹认识的状况。所以一
个为情欲或是为贫困和忧虑所折磨的人，只要放怀一览大自然，也会
这样突然地重新获得力量，又鼓舞起来而挺直了脊梁；这时情欲的狂澜，
愿望和恐惧地迫促，由于欲求而产生的一切痛苦都立即在一种奇妙的
方式之下平息下去了。原来我们在那一瞬间已摆脱了欲求而委心于纯
粹无意志的认识，我们就好像进入了另一世界，在那儿，日常推动我
们的意志因而强烈地震撼我们的东西都不存在了。认识这样获得自由，
正和睡眠与梦一样。能完全把我们从上述一切解放出来，幸与不幸都
消逝了。我们已不再是那个体的人，而只是认识的纯粹主体，个体的
人已被遗忘了。

　　我们只是作为那一世界眼而存在，一切有认识作用的生物固然都有
此眼，但是唯有在人这只眼才能够完全从意志的驱使中解放出来。由于
这一解放，个性的一切区别就完全消失了，以致这只观审的眼属于一个有
权势的国王也好，属于一个被折磨的乞丐也好，都不相干而是同一回事了。
这因为幸福和痛苦都不会在我们越过那条界线时一同被带到这边来。

"音乐是在演奏的瞬间就要被每个人所领会的。"

——叔本华

第二章
尼采与《悲剧的诞生》

弗里德里希·威廉·尼采（Friedrich Wilhelm Nietzsche，1844 年～1900 年），德国哲学家。罗素说：尼采虽然是个教授，却是文艺性的哲学家，不算学院哲学家。

1844 年 10 月 15 日一个男孩诞生在普鲁士萨克森州的洛肯镇路德教派的牧师家中，这天正好是普鲁士国王弗里德里希·威廉四世 49 岁生日，这个男孩因此取名为威廉·弗里德里希·尼采。他的母系有波兰贵族的血统，这一直是尼采引以为自豪的事情。

由于父亲在尼采 4 岁的时候去世，这个性情孤僻，而且多愁善感，身体纤弱的男孩成为家中唯一一个男人，与母亲、奶奶、两个姑姑和妹妹伊丽莎白住在一起。伊丽莎白是青少年尼采重要的精神伴侣，但当尼采真正进入到精神探索的领域后，她就无法理解尼采的思想精髓了。这种精神上的距离甚至使尼采拒绝出席她的婚礼。

在尼采死后出版的自传中，尼采说："从现在起直到死的

尼采故居

1879 年到 1889 年这 10 年里，尼采由于健康状况持续恶化，辞去公职开始独处，他住过瑞士的寄宿公寓、法国的里维埃拉和意大利，一直埋头创作，只与少数几个人来往。他的多部作品就是这期间创作的，如《查拉图斯特拉如是说》《偶像朦胧》、《反对基督者》等等。

那天，我的工作是：不要让这些笔记落入我妹妹手中，她最能证明马太所说的那句话：观其行，知其人。"尼采甚至认为，伊丽莎白是"雨果笔下美丽的魔鬼"。但伊丽莎白却固执地认为自己是尼采的真正知音，并力图成为他的发言人。在 1888 年尼采精神崩溃后，她终于如愿以偿地获得了这个身份。

在姑姑正规的宗教教育下，小时候的尼采是个虔诚的教徒，但是成年的尼采没有继承父志而从事宗教事业，尼采却借查拉图斯特拉之口，高喊"上帝死了"，一语概括了基督教欧洲文明的危机，昭示着虚无主义的来临，将整个西方思想界震得摇摇欲坠。

尼采像

尼采是最有影响的现代思想家之一，他多次试图揭示对一代代神学家、哲学家、心理学家、诗人、小说家和剧作家有着深刻影响的支撑传统的西方宗教、道德和哲学的根本动机。

写给青少年的
美学故事

小时候的尼采就显露出对音乐的爱好，尼采说："如果没有音乐，生活对于我将是一种错误。"1864年，尼采入波恩大学，修习神学与古典文献学后转入莱比锡大学跟从当时的比较语言学巨擘李希尔学习。

1865 年 10 月，尼采在房东的旧书店中看到了叔本华的著作《作为意志与表象的世界》："书里的每一行都发出了超越、否定与超然的呼声。我看见了一面极为深刻地反映了整个世界、生活和我内心的镜子。"正是叔本华和后来结识的音乐家瓦格纳，使得尼采认为："音乐是意志的直接体现。"

1869 年 25 岁的尼采未进行论文答辩，即被李希尔推荐至巴塞尔大学担任古典文献学的额外教授。该年 4 月，他脱离普鲁士国籍，成为瑞士人。5 月 28 日在巴塞尔大学发表就任讲演，讲题为"荷马与古典文学"。尼采主张：学者必须接受艺术家的观点来阐释经典。1870 年，升为正教授。

1872 年，尼采出版了《悲剧的诞生》，在这部著作中，尼采要"用艺术家的眼光来考察科学，又要用人生的眼光考察艺术！"1876 年他健康状况开始恶化，此后的岁月中一直时断时续地受精神分裂症的折磨。1879 年，尼采辞去了巴塞尔大学的教职，开始了十年的漫游生涯，同时也进入了创作的黄金时期。

1889 年，在都灵大街上，尼采突然倒下，就在这瞬间，一个马夫赶着一辆马车正好经过，他抱着一匹被鞭打的马，放声痛哭："我可怜的兄弟呀，你为什么这样的受苦受难！"1900 年 8 月 25 日，这位"超人"在魏玛逝世，死后葬在故乡洛肯镇父母的墓旁。

"我愿这样死去，使你们因我而更爱大地；我愿成为泥土，使我在生育我的大地上得到安息。"

尼采是矛盾的。他从小生活在女性的温柔中，曾对自己中意的女人炙热地爱恋过，然而"他永远不厌其烦地痛骂妇女。在他的著作《查拉图斯特拉如是说》（Thus Spake Zarathustra）里，他说妇女现在还不能谈友谊；她们仍旧是猫，或是鸟，或者大不了是母牛。""男人应当训练来战争，女人应当训练来供战士娱乐。其余一概是愚蠢。"如果我们可以信赖在这个问题上他的最有力的警句："你去女人那里吗？别忘了你的鞭子。"他认为"女人有那么多可羞耻的理由；女人是那么迂阔、浅薄、村夫子气、琐屑的骄矜、放肆不驯、隐蔽的轻率……迄今实在是因为对男人的恐惧才把这些约束控制得极好。"尼采终生未娶。罗素说："别忘了你的鞭子——但是十个妇女有九个要除掉他的鞭子，他知道这点，所以他躲开了妇女，而用冷言恶语来抚慰他的受创伤的虚荣心。"

审美人生

尼采喊出"上帝死了"，否定了传统的基督教价值观，因为："上帝这个概念是作为与生命相对立的概念而发明的"，是对人生命的否定；他要"重估一切价值的价值"，讴歌生命意志，把生命从奴性的快乐中解放出来，用权力意志来为这个世界重新确定价值尺度。而《悲剧的诞生》是他"第一个一切价值的重估"。

尼采的整个思想体系正如乌苏拉·施耐德在《尼采幸福哲学的基本特点》中所说："尼采的哲学道路是由把世界理解为一种痛苦的解释，由对这样一个痛苦世界的正当性的探讨以及

露·莎乐美（1861 年～1937 年）
1873 年，尼采与哲学家保罗·雷相识，并成为好友。后来，雷把尼采介绍给莎乐美，由此产生了复杂的三角关系，从而削弱了雷与尼采的友情。

《查拉图斯特拉如是说》封面

这本书被公认为以《圣经》故事体形式所写的文学和哲学杰作，中译本由北京文化艺术出版社1987年出版，全书近26万字。尼采本人评价此书说："纵然把每个伟大心灵的精力和优点集合起来，也不能创造出《查拉图斯特拉如是说》的一个篇章。"

如何摆脱这个痛苦世界，即对'永恒化'和'世界美化'的探索所规定的。一再被强调而且当然强调得很有道理的基本思想——上帝死了、超人、末人、强力意志、永恒轮回——仅仅标志着上述探讨世界及其拯救的道路的各个阶段。"

尼采认为"叔本华根本误解了意志（他似乎认为渴望、本能、欲望就是意志的根本）"，叔本华认为意志是痛苦的根源；而尼采要用他创造的权力意志去反抗生活的痛苦，创造新的价值和欢乐："凡是有生命的地方便有意志，但不是生命意志，而是——我这样教给你——权力意志。权力意志是"永不耗竭的创造的生命意志……这个世界就是权力意志，此外一切皆无，你们自身也是权力意志，此外一切皆无。"权力意志是否定

写给青少年的
美学故事

的，否定以往的价值：所谓的真与善不过是谎言与伪善。权力意志又是肯定的，它要划定界限，确定尺度和价值。权力是权力意志的内核和本性。权力意志是永恒的创造与生成，是一种日神与酒神的狂欢与陶醉。酒神是生命的狂欢者与沉醉者，他是一个欢乐之神，给人们带来食物，让人们狂欢。

尼采的《悲剧的诞生》所要说明的问题是：悲剧起源于生命崇拜，源于酒神、音乐与歌舞，源于一种古老的希腊宗教仪式。尼采说："只有作为一种审美现象，人生和世界才显得是有充足理由的。在这个意义上，悲剧神话恰好要使我们相信，甚至丑与不和谐也是意志在其永远洋溢的快乐中借以自娱的一种审美游戏。"也就是说，通过权力意志的审美游戏，把我们从痛苦中摆脱出来，给本无意义的世界和人生创造出意义。"肯定生命，哪怕是在它最异样最艰难的问题上；生命意志在其最高贵型的牺牲中，为自身的不可穷竭而欢欣鼓舞。"尼采认为："没有什么是美的，只有人是美的：在这一简单的真理上建立了全部美学，它是美学的第一真理。我们立刻补上美学的第二真理：没有什么比衰退的人更丑了——审美判断的领域就此被限定了。——

"诗句因激情而战栗，雄辩变成了音乐。"——尼采

从生理学上看，一切丑都使人衰弱悲苦。"

尼采认为："艺术是生命的伟大兴奋剂。""艺术，除了艺术别无他物"，而且"艺术是生命的最高使命与真正的形而上活动"。"一切美的艺术"都是"生命的自我肯定、自我颂扬"。"一切艺术都有健身作用，可以增添力量，燃起欲火，激起对醉的全部微妙的回忆"。因而，艺术是对人自己生命本能和强力感的激发和肯定。

艺术源于人的两种至深本能，这就是尼采美学的两个核心概念：日神精神、酒神精神。尼采说："日神的，酒神的。有两种状态，艺术本身表现于其中，就像自然力表现于人之中一样……这两种状态也表现在正常生活中，只是弱些罢了；梦境和醉意……梦境释放的是想象力、联系力、诗之力，醉意释放出的是言谈举止之力：激情之力、歌舞之力。"艺术家创造出丰富多彩、绚丽无比的世界，雕塑、史诗以及一切叙述文体的艺术就是日神艺术。酒神艺术不是以美见长的日神式造型艺术或史诗，而是音乐。

日神是理性的象征，酒神是非理性的象征。日神和酒神分别象征着宇宙、自然、人类的两种原始的本能，一种是迫使人驱向幻觉的本能，一种是迫使人驱向放纵的本能，这两种本能表现在自然的生理现象上就是"梦"和"醉"，而在审美和艺术领域则表现为迫使艺术家进行艺术创作的两种艺术力量或艺术冲动，它们是产生一切艺术的原动力。酒神精神作为艺术冲动是自然的、本能的、非理性的。尼采认为："艺术家们，倘若他们有些成就，都一定是强壮的（肉体上也如此），精力过剩，像充满力量的野兽……在他们的生命中必须有一种朝气和春意，有一种惯常的醉意。"

尼采说："酒神艺术也要使我们相信生存的永恒乐趣，不过我们不应在现象之中，而应在现象背后，寻找这种乐趣。我们应当认识到，存在的一切必须准备着异常痛苦的衰亡，我们被迫正视个体生存的恐怖——但是终究用不着吓瘫，一种形而上的慰藉使我们暂时逃脱世态变迁的纷扰。我们在短促的瞬间真的成为原始生灵本身，感觉到它的不可遏止的生存欲望和生存快乐。现在我们觉得，既然无数竞相生存的生命

形态如此过剩，世界意志如此过分多产，斗争、痛苦、现象的毁灭就是不可避免的。正当我们仿佛与原始的生存狂喜合为一体，正当我们在酒神陶醉中期待这种喜悦常驻不衰，在同一瞬间，我们会被痛苦的利刺刺中。纵使有恐惧和怜悯之情，我们仍是幸运的生者，不是作为个体，而是众生一体，我们与它的生殖欢乐紧密相连。

酒神精神被尼采视为生命意志的最高表现方式，是对生命的最高肯定方式。日神与酒神的醉最终合而为一，于是诞生了悲剧。尼采把悲剧看作艺术的最高样式。尼采认为悲剧具有"形而上的慰藉"功能：悲剧具有"激发、净化、释放全民族生机的伟大力量"。

正如尼采自己所说："我的时代尚未到来，有些人要死后才生。"他影响其身后的很多思想家和文学家，但是也被希特勒奉为精神知己，希特勒曾亲自拜谒过尼采之墓，并把《尼采全集》当作寿礼送给另一位大独裁者墨索里尼，尼采的一句格言为希特勒终生恪守："强人的格言，别理会！让他们去唏嘘！夺取吧！我请你只管夺取！"据说，在第一次世界大战期间，德国士兵的背包中有两本书是最常见的，一本是《圣经》，另一本是尼采的《查拉图斯特拉如是说》。

写给青少年的
美学故事

尼采提出，每个人都应该充分认识到自己的潜能和"权力意志"，"权力意志"不仅体现在文化政治活动中，而且体现在战争中，拿破仑就是一个强烈认识到自身"权力意志"的人。图为拿破仑的军队在五月广场向他宣誓效忠。

第三章

一个天才的发现

——美是生活

尼古拉·加夫里洛维奇·车尔尼雪夫斯基（Nikolay Gavrilovich Chernyshevsky 1828 年～1889 年），俄国唯物主义哲学家、文学评论家、作家、革命民主主义者。

普列汉诺夫曾把他比喻为希腊神话中盗天火予人间的英雄，称他为"俄国文学中的普罗米修斯"。

车尔尼雪夫斯基于 1828 年 7 月 24 日出生在伏尔加河边美丽的萨拉托夫城（Saratov）。这座城市名称是鞑靼语"黄色的山脉"的意思。他的父亲是一个有学问的牧师，家里有很多藏书。1842 年进入萨拉托夫正教中学。16 岁时，车尔尼雪夫斯基已经通晓 7 种外国语，大量阅读了俄国民主主义者别林斯基和赫尔岑的文章。

1846 年 5 月，他考入彼得堡大学历史语文系。在大学读书的几年中，勤奋的车尔尼雪夫斯基被老师和同学戏谑地称为"伏尔加河边的读书迷"。车尔尼雪夫斯基最喜欢俄国大诗人普希金和莱蒙托夫的诗，喜欢英国作家狄更斯和法国女作家乔治·桑的小说。1850 年他大学毕业，次年重返萨拉托夫，在中学教授语文，宣传进步思想。1853 年他同本地医生女儿华西利耶娃结婚，同年迁居圣彼得堡，想在大学里当教授。他一边在中学教书，一边着手写作硕士学位论文《艺术对现实的审

"生命，如果跟时代崇高的责任联系在一起，你就会感到它永垂不朽。"——车尔尼雪夫斯基

美关系》。这篇著名的美学论文1855年5月发表在《现代人》杂志上。

《艺术对现实的审美关系》这篇论文向黑格尔的唯心主义美学进行了大胆的挑战，提出"美是生活"的定义。重返彼得堡后，他就开始为《祖国纪事》杂志撰稿，后又应涅克拉索夫的邀请到《现代人》杂志编辑部工作。《现代人》杂志成了传播革命思想的论坛，揭露"农奴解放"的骗局，号召农民起义。1862年席卷全俄的农民起义遭到镇压，同年6月《现代人》被勒令停刊8个月。作为俄罗斯公认的革命领袖和导师，车尔尼雪夫斯基遭到反动派的敌视和仇恨，7月7日他被捕，关进彼得堡保罗要塞（Fortressof St.Peterand Paul）单身牢房。

曾关押车尔尼雪夫斯基的彼得堡保罗要塞。

写给青少年的
美学故事

彼得堡保罗要塞是1703年彼得大帝下令建造的，后来的沙皇政府就把它变成了一座政治监狱。在狱中，他以惊人的勇敢和顽强的毅力继续着革命的写作活动。在被关押的678天里，他完成长篇小说《怎么办？》。这部作品不仅被19世纪60年代的俄国青年奉为"生活的教科书"，而且被后世誉为"代代相传的书"，列宁热情赞扬"这种作品能使人一辈子精神饱满"。"在它的影响下，成百成千的人变成了革命家"。这部作品是19世纪俄罗斯的古典主义杰作之一。

在他被拘留两年后，沙皇政府采取伪证方法，强行判处他7年苦役，剥夺一切财产，终身流放西伯利亚。1864年5月19日，在彼得堡的拉特宁广场上进行了侮辱性的褫夺公民权的假死刑仪式。车尔尼雪夫斯基被捆在"耻辱柱"上，胸前挂着写有"国事犯"字样的牌子，刽子手在他的头顶上把长剑折成两段。这时，天下起了大雨。一位少女把一束鲜花抛给了车尔尼雪夫斯基，她也因此而被逮捕。随后，车尔尼雪夫斯基被押上马车，送往西伯利亚。马车夫跟车尔尼雪夫斯基告别时说："谁拥护人民，他就被流放到西伯利亚去，这一点我们早就知道。"虽然

雪中猎人　勃鲁盖尔　尼德兰
该作品是体现"美是生活"的典范之作。作者在这件作品中表现了农村生活特有的美，猎人、游玩的孩子使画面别具诗意。

要忍受 20 多年的流放生活，但是这位俄国革命家会因为有着这样的人民而感到终生的幸福。

他先是被流放到伊尔库茨克盐场服苦役，然后被转送到卡达亚矿山。两年后，又被押到亚历山大工场。七年苦役期满后，又延长其苦役期，转押到荒无人烟的亚库特和维留伊斯克，维留伊斯克这座城市靠近北极圈，是个雅库特人的村庄，周围是荒无人烟的原始森林，每年只有冬季的四个月才可以乘爬犁通行。整座城堡监狱只有车尔尼雪夫斯基一个犯人，由警察局长亲自负责看守。只有七名警察将他们的一半的精力都放在了这个沙皇亲自关注的要犯身上。在西伯利亚流放 20 多年后，1889 年 6 月，车尔尼雪夫斯基才得到许可回到故乡萨拉托夫。四个多月后，1889 年 10 月 29 日，这位伟大的作家因脑溢血离开了人世。

美是生活

列宁称赞车尔尼雪夫斯基"从 50 年代起直到 1888 年，始终保持着完整的哲学唯物主义的水平"。车尔尼雪夫斯基美学有着鲜明的时代性、阶级性。他在别林斯基的批判现实主义传统的影响下，在著名的美学著作《艺术与现实主义美学的关系》中对黑格尔的"美是理念的感性显现"进行了批判，提出"美是生活"。这本书"在美学界已成为一部家喻户晓的书"。被苏联当作是文艺理论方面的"圣经"。

在世界美学史上，车尔尼雪夫斯基第一个提出了"美是生活"的崭新定义，普列汉诺夫称"美是生活"是一个天才的发现。"美是生活"是车尔尼雪夫斯基美学的核心内容。"美是生活"这个定义包括三个层面：一，"美是生活"；二，"任何事物，凡是我们在那里面看得见依照我们的理解应当如此的生活，那就是美的"；三，"任何东西，凡是显示出生活或使我们想起

"艺术是人类的生活教科书。" ——车尔尼雪夫斯基

生活的，那就是美的"。这三个层面是一个有机的整体。部分也因为"生活"在俄语中兼有"生命"和"生活"两种意思，车尔尼雪夫斯基在使用中没有区分。

我们先看看车尔尼雪夫斯基在其著作《艺术与现实主义美学的关系》中所说：

在人觉得可爱的一切东西中最有一般性的，他觉得世界上最可爱的，就是生活；首先是他所愿意过、他所喜欢的那种生活；其次是任何一种生活，因为活着到底比不活好；但凡活的东西在本性上就恐惧死亡，恐惧不存在，而爱生活。所以，这样一个定义：

"美是生活"；"任何事物，凡是我们在那里面看得见依照我们的理解就当如此的生活，那就是美的；任何东西，凡是显示出生活或使我们想起生活的，那就是美的。"

五月斋与谢肉节 尼德兰 勃鲁盖尔

"任何东西，凡是显示出生活或使我们想起生活的，那就是美的。"在《五月斋与谢肉节》一画中，勃鲁盖尔充分发挥他的想象力，表现了市民的节日习惯、娱乐的丰富多彩。为了扩大空间，画家选择了高视点，略微提高了地平线。在这个空间里有着许许多多活跃的人物和各种不同的风俗场面。勃鲁盖尔的艺术语言既宏伟壮丽，又简洁朴实。这幅画色彩绚丽而富有变化，整幅画因使用散点光源很少画物投影而显得干净清晰。作品展现了城市生活与农村生活不一样的美。

在普通人民看来，"美好的生活"、"应当如此的生活"就是吃得饱，住得好，睡眠充足；但是在农民，"生活"这个概念同时总是包括劳动的概念在内：生活而不劳动是不可能的，而且也是叫人烦闷的。辛勤劳动、却不致令人精疲力竭那样一种富足生活的结果，使青年农民或农家少女都有非常鲜嫩红润的面色——这照普通人民的理解，就是美的第一个条件……民歌中关于美人的描写，没有一个美的特征不是表现着旺盛的健康和均衡的体格，而这永远是生活富足而又经常地、认真地、但并不过度地劳动的结果。丰衣足食而又辛勤劳动，因此农家少女体格强壮，长得很结实——这也是乡下美人的必要条件，"弱不禁风"的上流社会美人在乡下人看来是断然"不漂亮的"，甚至给他不愉快的印象，因为他一向认为"消瘦"不是疾病就是"苦命"的结果。上流的美人就完全不同了：她的历代祖先都是不靠双手劳动而生活过来的；由于无所事事的生活，血液很少流到四肢去；手足的筋肉一代弱似一代，骨骼也愈来愈小；而其必然的结果是纤细的手足——社会的上层阶级觉得唯一值得过的生活，即没有体力劳动的生活的标志；假如上流社会妇女大手大脚，这不是她长得不好就是她并非出自名门望族的标志。

> 可爱的是鲜艳的容颜，
>
> 青春时期的标志；
>
> 但是苍白的面色，忧郁的症状，
>
> 却更为可爱。

如果说对苍白的、病态的美人的倾慕是虚矫的、颓废的趣味的标志，那么每个真正有教养的人就都感觉到真正的生活是思想和心灵的生活。这样的生活在面部表情，特别是眼睛上留下了烙印，所以在民歌里歌咏得很少的面部表情，在流行于有教养的人们中间的美的概念里却有重大的意义；往往一个人只因为有一双美丽的、富于表情的眼睛而在我们看来就是美的。

而且在我看来，所有那些属性都只是因为我们在那里面看见了如

"未来是光明美好的。爱它吧，向着它奔去，为它工作，使它尽快到来，使未来成为现实吧！"——车尔尼雪夫斯基

少女与桃　俄罗斯　谢洛夫

真正的美是在现实世界中所遇到的美。《少女与桃》是谢洛夫青年时期的作品，此画是谢洛夫在河勒拉姆采沃马蒙托夫庄园画成的，画中的少女就是马蒙托夫的女儿薇拉。这幅油画显示了他非凡的艺术才能，画中少女充满了阳光和青春活力，艺术表现手法完美无缺。这个美丽天真的少女让人感受到生活的美好，人生的美好。

我们所了解的那种生活的显现，这才给予我们美的印象。美是生活，首先是使我们想起人以及人类生活的那种生活。

从"美是生活"这个定义却可以推论：真正的最高的美正是人在现实世界中所遇到的美，而不是艺术所创造的美；根据这种对现实中的美的看法，艺术的起源就要得到完全不同的解释了；从而对艺术的重要性也要用完全不同的眼光去看待了。我是说那在本质上就是美的东西，而不是因为美丽地被表现在艺术中所以才美的东

西；我是说美的事物和现象，而不是它们在艺术作品中美的表现。

总之："在我们的概念中，主要的是生活。就审美范围而言，别人把生活了解为仅仅是理念的表现，而我们却认为生活就是美的本质。"[1]

列宁说："尽管他具有空想社会主义的思想，但是他还是一个资本主义的异常深刻的批评家。"他提出的"美就是生活"的著名论断，是对截至黑格尔以前的唯心主义美学一次前所未有的挑战。

他把唯物主义的认识论"尊重现实生活，不信先验的假设"应用到了艺术范围，表现了革命的唯物主义倾向。我们看到他把美和劳动联系到一起。对于文艺的功能，车尔尼雪夫斯基认为艺术要成为"生活的教科书"。文艺作为阶级斗争的武器，推进社会发展。

列宁还说：车尔尼雪夫斯基的人本主义哲学"只是关于唯物主义的不确切的肤浅的表述"。

---

①引文有改动，参见车尔尼雪夫斯基：《艺术与现实的审美关系》，人民文学出版社1979年版。

第四章
实验美学和移情美学的创立和发展

审美心理学，也叫文艺心理学，是研究作为文艺活动主体的审美体验与审美活动。从心理角度分析人类的审美体验与文艺活动，西方最早可以推溯到古希腊时期。毕达哥拉斯认为具有"旁观"这样一种心理状态，才能获得审美愉悦。柏拉图把"迷狂说"引入到审美领域。亚里士多德提出了著名的"净化说"。

柏拉图手稿
柏拉图的"迷狂说"对文艺心理学产生了深远影响。

17、18 世纪的英国经验派美学是最早运用心理学来研究审美现象的学派，他们把想象、情感和美感的研究提到首位，出现了夏夫兹伯里的"内在感官"说和休谟的"同情"说。德国古典美学中对想象力给予高度的赞扬。

19 世纪后半叶，西方心理学脱离哲学成为一门独立的学科后，为现代审美心理学的建立和发展奠定了基础。这期间出现了费希纳的实验美学和李普斯的"移情说"，布洛赫提出的"心理距离"说，谷鲁斯的"内模仿说"以及闵斯特堡的"孤立说"，这些现代西方心理学美学早期流派的重要成果主要探讨的是人类审美体验中的心理特征，重视对主体心理功能的研究，重视情感、想象等非理性因素在艺术创造和审美活动中的作用。

实验心理学派运用心理学实验方法研究美学和艺术经验，把美学和自然科学结合起来，研究对象从客体转向主体，从美的本质的寻觅转向主体审美经验的研究。对审美主体的研究从一般的艺术想象、构思转向审美心理、生理的研究，这标志着古典美学向着现代美学的转变。

古斯塔夫·西奥多·费希纳（Gustav Theodor Fechner，1801年～1887年），德国哲学家、物理学家、心理物理学的主要创建者、实验心理学和美学的奠基者之一；其将自然科学的方法引入心理学，乃心理学方法上的一大突破，并为冯特的实验心理学奠定了基础。

1801年4月19日费希纳出生于德国东南部的一个村庄里。他父亲是村里的牧师。这位牧师把宗教信仰与坚定不移的科学观结合了起来，正如他的儿子一样——为了论证泛灵论，他一生致力

费希纳
德国实验心理学的奠基人之一，他的实验美学标志着古典美学向现代美学的转变。

于寻求一种科学方法，借以使具有精神与物质两个方面的世界统一于灵魂之中。使村里人大惑不解的是他父亲用上帝的语言布道，却在教堂的尖顶上安装了一根避雷针，在当时的情况下，这份小心谨慎是对上帝信心不足的表现。费希纳5岁丧父，自幼在其叔父家长大。1817年，费希纳进入莱比锡大学学医，1822年在该校毕业，获医学博士学位。并在莱比锡度过一生。1887年11月18日卒于莱比锡。

费希纳用一种富有诗意的神秘眼光考察世界，认为凡物有组织即有生命，有生命即有灵魂。完成医学学习后，费希纳便在莱比锡开始他的第二种事业，即研究数学和物理学。1824年他已经在莱比锡大学开始讲授物理学，从事他自己的研究。那个时期他把法文的物理学和化学手册译成德文。至1830年他已翻译了12册以上的书。

他于1833年结婚，并于1834年获得莱比锡大学全职教授职位。这个时期他逐渐对感觉问题发生兴趣。为了研究后象，要透过有色玻璃看太阳，这使他的眼睛受到严重伤害，几乎失明，他在暗室里让自己避光，忍受着疼痛、情感压抑、无法排遣的无聊和严重的消化道疾病的折磨。三年中除了他的妻子外，断绝了和任何人的往来，他把自己的房子漆成黑色，白天黑夜待在里面，什么人也不见。他患了神经

写给青少年的
美学故事

衰弱症，并产生了自杀的念头。他后来评述这一时期的生活："我无法入睡，身心疲劳，不能思想，甚至引起我失去了对人生的信心。"

1839年他辞去物理学讲席。1844年他从大学得到一小笔补助金，就此被认为是不能再从事工作的人。但后来的事实并非如此，正如著名心理学史家舒尔茨曾指出："在费希纳一生的后四十四年中，他没有一年不做出重要贡献。"

费希纳后来又恢复健康，似乎也是一个奇迹。最终，他自己慢慢好起来了，过了一阵子后，他就可以看见东西而且眼睛不疼，还能与人讲话。他在好几个月的时间里第一次到花园去散步时，花儿看上去更明亮，色彩更鲜艳，比以前更美丽："我毫不怀疑我已经发现了花朵的灵魂，并以我极奇怪的、受到魔力影响的情绪想：这是躲藏在这个世界的隔板之后的花园。整个地球和它的球体本身只是这个花园周围的一道篱笆，是为了挡住仍然在外面等待着的人们。"这个时期为费希纳一生中的紧要关头，对于他的思想和后来的生活都有深刻的影响。

正是这个神秘的信仰使费希纳进行他那具有历史意义的实验心理学的。"没有费希纳……也许仍然会有一种实验心理学……可是，在实验体中，却不可能出现如此广泛的科学范畴，因为，如果测量不能成为科学的工具之一，则我们很难认为某个课题是符合科学的。因为他所做的事情和他做这些事情的时代，费希纳创立了实验计量心理学，

美学辞典

审美移情说： 重要的美学概念，19世纪德国美学家劳伯特·费尚尔首次提出，由德国心理学家李普斯、谷鲁斯将这一学说完善发展。李普斯认为美的价值是一种客观化的自我价值感，移情是审美欣赏的基本前提。移情作用不一定是美感经验，而美感经验常含有移情作用。移情可分为四种类型：（1）一般的统觉移情，给普通对象的形式以生命，使线条转化成一种运动或延伸。（2）经验的或自然的移情，使自然对象拟人化。（3）氛围移情，使色彩富于性格特征，使音乐富于表现力。（4）生物感性表现的移情，把人们的外貌作为他们内心生命的表征，使人的音容笑貌富有意蕴。

并把这门学问从其原来的途径搬回来导入了正轨。人们也许可以称他做实验心理学之父，或者，人们也许会把这个称号送给冯特。这没有什么关系。费希纳种下了肥沃的思想之种，它生长起来，并带来了丰硕的成果。"

19世纪初，康德曾预言，心理学绝不可能成为科学，因为它不可能通过实验测量心理过程。由于费希纳的成果，科学家才第一次能够测量精神。1850年月10月22日的早晨，他躺在床上考虑如何向机械论者证明，意识和肉体是一个基本统一体的两个方面。心理学史家D.舒尔茨写道："1850年10月22日早晨，心理学史上的一个重要日子，费希纳忽然领悟到心与身之间的联系法则可以用物质刺激与心理感觉之间的数量关系来说明。"

他第一次系统地探索物理和心理学王国之间的数量关系，因此命名为"心理物理学"。费希纳于1860年出版《心理物理学纲要》一书。该书被认为是对心理学的科学发展具有创造性的贡献之一。如波林论及费希纳的成败时曾说过："他攻击物质主义的铜墙铁壁，但又因测量了感觉而受到赞美。"

费希纳在1876年出版了他的《美学导论》。在书中，费希纳利用他的实验结果表示了对蔡辛的观点的支持——蔡辛（A. Zeising）是19世纪德国美学家，他认为21∶34的比例，即黄金分割是一种标准的审美关系，是在整个自然界和艺术中占优势的比例。此后，黄金分割一度在美学中被认定为一种普遍的形式美原则。

20世纪70年代以来，实验心理学对黄金分割是否是一种普遍有效的形式美规则，做了多次跨文化实验。被试对象包括欧洲居民和非欧洲居民，实验具有人类学意义。多次实验证明，无论在欧洲文化环境中，还是非欧洲文化环境中，黄金分割都不是具有审美优势的形式规则。心理学家艾森克（H. Eysenck）指出："总而言之，黄金分割被证明并不是美学家或实验美学家的一个有效的支点。"

虽然费希纳被称为实验心理学之父，并且因创立了心理物理学而闻名于世，但是他本人倒是希望以哲学家的头衔留名于后世。

费希纳所创立的实验美学（experiment aesthetics）就是运用心理学和物理学中定量分析法来测定某些刺激物所引起的人的审美感受。他宣称这个新的美学研究领域，不是像传统的形而上学美学那样"从一般到特殊"或"自上而下"，而是一种"自下而上的美学"，遵循的方法是"从特殊到一般"，就是采用实验的方法系统地研究和比较许多不同的人的美感经验。例如：测量人们常用的或喜欢用的东西的大小比例（常用物测量法）等等。这些简单的实验得出的某些结论是：人最不喜欢的图形是十分长的长方形和整整齐齐的四方形，而最喜欢的图形是比例接近于黄金分割的长方形。

通过一系列实验和观察，费希纳总结出了 13 条心理美学规律。其中有一些曾在美学中发生广泛的影响。例如，"审美联想"律：一件事物所造成的审美印象可以分解为直接的和联想的两种因素，联想或回忆起的快乐或不快乐的东西，有可能与当前的印象一致，也可能不一致。

"审美对比"律：当两种在质的方面或量的方面不同，但又可能加以比较的事物一起或先后进入意识之中的时候，它们所产生的效果并不等于它们分别所产生的效果或总和。因为二者之间的对比会影响

格尔尼卡　西班牙　毕加索
此画是毕加索的代表作，采用半写实的象征性手法，用黑、白、灰三色渲染悲剧色彩，作品丰富的内涵使人产生不同的审美联想。

或改变这个总和。"用力最小"律：审美快乐来自同所持目的相关精力的最小消耗，而不是来自精力自身的最大节省。

尽管实验美学有很大的局限性，但是费希纳所开创的实验美学引起了美学研究的重大变化，自然科学和心理科学中使用的方法日渐成了美学中的合法方法，"自下而上"的方法即对人们所共有的经验进行分析的方法，部分地或完全地代替了原先占统治地位的先验的哲学演绎方法。

自此以后，尽管"哲学美学"的名称仍然存在，但它已不是原来的意义，许多哲学思辨都已经注意在实验的或科学的基础上进行了。

移情现象是原始民族的形象思维中一个突出的现象，在语言、神话、宗教和艺术的起源里到处可见。

"移情说"诞生于 19 世纪的德国。审美移情说的概念是 19 世纪德国美学家劳伯特·费肖尔首先提出来的，尔后李普斯、谷鲁斯建立了完整而严密的审美移情学说。直到 19 世纪后半期移情说才在美学领域里取得了主导地位。

写给青少年的
美学故事

20 世纪初德国的心理学家、美学家李普斯把移情说提高到科学形态。有人把美学中的移情说比作生物学中的进化论，把李普斯比作达尔文。他被称为"慕尼黑现象学之父"。

李普斯以移情原理为中心，在他的《美学》一书中对审美经验作了系统的论述。他指出，美的价值是一种客观化的自我价值感，移情是审美欣赏的基本前提。他把移情区分为四种类型：

一般的统觉移情，给普通对象的形式以生命，使线条转化成一种运动或伸延。我们说柳公权的字"劲拔"，赵孟頫的字"秀媚"，这都是把墨涂的痕迹看作有生气有性格的东西，都是把字在心中所引起的意象移到字的本身上面去。

经验的或自然的移情，使自然对象拟人化，如风在咆哮、树叶在低语。再如：古松的形象引起高风亮节的类似联想，我心中便隐约觉到高风亮节所需伴着的情感。因为我忘记古松和我是两件事，我就于无意之中把这种高风亮节的气概移置到古松上面去，仿佛古松原来就有这种性格。同时我又不知不觉地受古松的这种性格影响，自己也振作起来，模仿它那一副苍老劲拔的姿态。所以古松俨然变成一个人，人也俨然变成一棵古松。真正的美感经验都是如此，都要达到物我同一的境界，在物我同一的境界中，移情作用最容易发生，因为我们根本就不分辨所生的情感到底是属于我还是属于物的。

氛围移情，使色彩富于性格特征，使音乐富于表现力。观赏者在审美活动中总是把自己的情感渗透到审美对象中去，总是被艺术家描绘的情境所感染，这种渗透、感染也就是审美移情。例如：乐调自身本来只有高低、长短、急缓的分别，而不能有快乐和悲伤的分别。听者心中自起一种节奏和音乐的节奏相平行。听一曲高而缓的调子，心理也随之作一种高而缓的活动；听一曲低而急的调子，心理也随之作一种低而急的活动。这种高而缓或是低而急的心力活动，常蔓延浸润到全部心境，使它变成和高而缓的活动或是低而急的活动相同调，于是听者心中遂感觉一种欢欣鼓舞或是抑郁凄恻的情调。这种情调本来属于听者，在聚精会神之中，他把这种情调外射出去，于是音乐也就有快乐和悲伤的分别了。

生物感性表现的移情，把人们的外貌作为他们内心生命的表征，使人的音容笑貌充满意蕴。

李普斯指出，审美的享受不是对于对象的享用，而是自我享受，是在自身之内体验到的直接价值感。这种审美体验是产生于自我的，而与被感知到的形象相吻合。所以，它既不是自我本身，也不是对象本身，而是自我体验的对象形象，形象与自我是互相交融，互相渗透的。在这里享受的自我与观赏的对象是同一的，这是移情现象的基础。移情作用不一定就是美感经验，而美感经验却常含有移情作用。美感经

神策军碑　唐　柳公权
此碑刻于唐会昌三年，立在唐神策左军驻地，故而拓本极少，为柳公权六十岁所书，书法劲健，笔画圆厚，为柳书中的最佳作品，行书完整，犹如墨迹。人们对柳公权书法的形容正是运用了李普斯"移情说"。

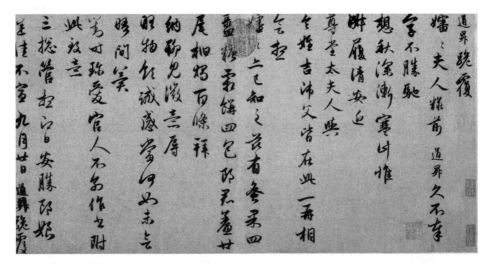

行书秋深帖 元 管道升

管道升，字仲姬，乃松雪之妻，夫妇和谐，乃才识交流，诗文笔翰，亦不让于松雪。此帖秀媚灵妙，劲健有力，足知笔力非凡，或以此为松雪代笔，细观其行文中，颇有松雪态度，但管氏自有书名，或可视为真迹。这件书法作品是"移情说"的又一例证。

验中的移情作用不单是由我及物的，同时也是由物及我的；它不仅把我的性格和情感移注于物，同时也把物的姿态吸收于我。

移情的现象可以称之为"宇宙的人情化"，因为有移情作用然后本来只有物理性的东西可具人情，本来无生气的东西可有生气。"移情作用"是把自己的情感移到外物身上去，仿佛觉得外物也有同样的情感。这是一个极普遍的经验。自己在欢喜时，大地山河都在扬眉带笑；自己在悲伤时，风云花鸟都在叹气凝愁。惜别时蜡烛可以垂泪，兴到时青山亦觉点头。柳絮有时"轻狂"，晚峰有时"清苦"。这种根据自己的经验来了解外物的心理活动通常叫作"移情作用"。

人所熟知的《庄子·秋水》篇里的一段故事就是典型的移情作用：庄子看到鲦鱼"出游从容"便觉得它乐，因为他自己对于"出游从容"的滋味是有经验的。鱼没有反省的意识，不能够像人一样"乐"，庄子拿"乐"字来形容鱼的心境，其实不过把他自己"乐"的心境外射到鱼的身上罢了。"我"知道旁人旁物的知觉和情感如何，都是拿自己的知觉和情感来比拟的。"我"只知道自己，"我"知道旁人旁物时是把旁人旁物看成自己，或是把自己推到旁人旁物的地位。人与人，人与物，都有共同之点，所以他们都有互相感通之点。[①]

———————————

① 参见《朱光潜全集》第 7 卷第 262 ~ 297 页，安徽教育出版社 1991 年版。

第五章
王国维融合中西

王国维（1877 年～1927 年），浙江海宁人。初名国桢，字静安，伯隅，号观堂、礼堂、永观。

他是近代中国著名学者，杰出的古文字、古器物、古史地学家，诗人、文艺理论学家、哲学家。但王国维曾这样解剖自己："余之性质，欲为哲学家则感情苦多而知力苦寡，欲为诗人则又苦感情寡而理性多。"他的父亲说他"学事务实"、喜作"纯学术"的研究。

他被誉为"中国近三百年来学术的结束人，最近八十年来学术的开创者"。梁启超赞其"不独为中国所有而为全世界之所有之学人"。郭沫若说："在近代学人中，我最钦佩的是鲁迅和王国维。"又说："他（王国维）留给我们的是他知识的产物，那好像一座崔嵬的楼阁，在几千年的旧学的城垒上，灿然放出了一段异样的光辉。"

王国维像

王国维 16 岁入杭州崇文书院学习，与同邑陈守谦、叶宜春、褚嘉猷并称"海宁四才子"。17 岁中秀才。1901 年（光绪二十七年）由罗振玉资助去日本东京物理学校学习，次年夏因病回国。

王国维"在诸多学术领域做出了划时代的贡献，是现代中国学术传统的重要奠基人"。1922 年任北京大学研究所国学门通信导师。1923 年充清故宫南书房行走。1925 年，王国维受聘任清华研究院导师，教授古史新证、尚书、说文等，与梁启超、陈寅恪、赵元任、李济被称为"五星聚奎"的清华五大导师。1927 年 6 月 2 日在北京颐和园昆明湖自沉身亡。自留遗书说："五十之年，只欠一死。经此世变，义无再辱。"其"中道而废"成为20世纪中国文化界一大"公案"。陈寅恪称王国维具有"独立之精神、自由之思想"。"其所殉之道与所成之仁，均称抽象理想之通性，而非具体一人一事。"

王国维早年所作学术论文，多收入本人自编的《观堂集林》一书（1921年）。著述62种，批校的古籍逾200种，以《人间词话》最为知名。

王国维穿着打扮体现着其融合中西之风的思想。他瘦瘦的，个子不高，一米六十五左右。头戴西瓜皮帽子，身穿马褂长衫，脑袋后面一根长长的辫子。虽然穿着长袍马褂，留着辫子，但有一样却富有象征性，这就是他的一副眼镜是新潮的。

他的儿子王东明谈到王国维的辫子时说："父亲的辫子，是大家所争论的，清华园中只有两个人，只要一看到背影，就知道他是谁，一个是父亲，辫子是他最好的标志。另一个是梁启超，他的两边肩膀，似乎略有高低，也许是曾割去一个肾的缘故。当时有不少人被北大的学生剪了辫子，父亲也常出入北大，却安然无恙。原因是他有一种不怒而威的外貌，学生们认识他的也不少，大多都是仰慕他，爱戴他。"

写给青少年的
美学故事

王国维少年时期所受的完全是旧式教育，启蒙读的是十三经及骈文、散文和古今体诗。1895年甲午之役后开始接触新学，王国维曾自述其留日归来的思想状况："自是以后，遂为独学之时代矣。体素羸弱，性复忧郁，人生问题日往复于前，自是始决从事于哲学。"少年时代形成的孤高而内向的个性和中国传统的道佛思想的影响，使他与"以厌世名一时"的叔本华的悲观主义唯意志论一拍即合。"王静安对于西洋哲学并无深刻而有系统之研究，其喜叔本华之说而受其影响，乃自然之巧合。申言之，王静安之才性与叔本华盖多相近之点。"

王森然在《近代二十家评传》中说："先生之最大贡献，即用西洋哲学之方法及思索，来检讨中国哲学上的两大问题，性与理。"他用西学方法较为系统地研究了中国哲学从先秦孔子、老子、孟子到清代戴震、阮元的哲学，是王氏会通中西哲学的初步尝试。蔡元培在《五十年来的中国哲学》中称王国维"对于哲学上的观察也不是同时人所能及的"。

他说："天下最神圣、最尊贵而无与于当世之用者，哲学与美术是已。夫哲学与美术之所志者，真理也。真理者，天下万世之真理，而非一

蔡元培像

蔡元培与王国维共同倡导美育的思想，在中国近代思想史上有着重要影响。

时之真理也。其有发明此真理（哲学家），或以记号表之（美术）者，天下万世之功绩，而非一时之功绩也。"

王国维说："余疲于哲学有日矣。哲学上之说，大都可爱者不可信，可信者不可爱。余知真理，而余又爱其谬误。伟大之形而上学，高严之伦理学，与纯粹之美学，此吾人所酷嗜也。然求其可信者，则宁在知识论上之实证论，伦理学上之快乐论，与美学上之经验论。知其可信而不能爱，觉其可爱而不能信，此近二三年中最大之烦闷。"

他人生的历程为其美学观提供了土壤，其生也苦，其活也苦。王国维自幼丧母，靠姑母及叔祖母抚养。中年经历丧妻之痛，34 岁的妻子莫氏故去，抛下三个孩子，长子只有 10 岁。老年又遭丧子之哀，长子潜明也因伤寒病在 28 岁先他而去。故而他在界说人生的本质时说："故欲与生活与痛苦，三者一而已矣。"他说："故美术之为物，欲者不观，观者不欲，而艺术之美所以优于自然之美者，全存于使人易忘物我之关系也。"艺术之"无功利"正是为了人生的慰藉："美术之务，在描写人生之苦痛与其解脱之道，而使吾侪冯生之徒，于此桎梏之世界中，离此生活之欲之争斗，而得其暂时之平和，此一切美术之目的也。"王国维说："美术文学非徒慰藉人生之具，而宣布人生之最深意义之艺术也。"

王国维把他的"非功利"的观念扩大到了整个艺术领域："美之性质，一言以蔽之曰：可爱玩而不可利用者是已。虽物之美者，有时亦足供吾人之利用，但人之视为美时，决不计其可利用之点。其性质如是，故其价值亦存于美之自身，而不存乎其外。"他说："一切之美，皆形式之美也。"王国维始终抓住了来自康德、叔本华等西方现代哲人的"审美无利害性"理论，来阐述他的"美是形式说"和"艺术独立论"。在中国现代美学史上，王国维是"我国学术史上以欧洲近代美学思想观察分析中国文学并贡献出创造性成果的第一人"。

作为"中国现代学术奠基人"，王国维从事文史哲学数十载，是近代中国运用西方哲学、美学、文学观点和方法剖析评论中国古典文学的开风气者。王国维引用叔本华意志论美学思想分析中国古典文学作品《红楼梦》，"王国维 1904 年发表《红楼梦评论》，破天荒借用西方批评理论和方法来评价一部中国古典文学杰作，这其实就是现代批评的开篇。"①王国维在此书中说："美术中以诗歌、戏曲、小说为其顶点，以其目的在描写人生故。"

　　在《红楼梦评论》中，他说："美之为物有二种：一曰优美，一曰壮美。苟一物焉，与吾人无利害之关系，而吾人之观之也，不观其关系，而但观其物；或吾人之心中，无丝毫生活之欲存，而其观物也，不视为与我有关系之物，而但视为外物，则今之所观者，非昔之所观者也。此时吾心宁静之状态，名之曰优美之情，而谓此物曰优美。若此物大不利于吾人，而吾人生活之意志为之破裂，因之意志遁去，而知力得独立之作用，以深观其物，吾人谓此物曰壮美，而谓其感情曰壮美之情。"叔本华的"优美"、"壮美"说，被王国维引入早期的文论作品里，并在后期的《人间词话》中也有糅合，即"唯于静中得之"的无我之境属于"优美"的范畴，"由动之静时得之"的有我之境，属于"宏壮"的范畴，二者都使人离"生活之欲"而入于纯粹之知识。而这都与叔本华有着直接的联系。

写给青少年的
美学故事

《红楼梦》书影

大观园图
王国维用叔本华的美学思想解读《红楼梦》具有划时代的意义，赋予了中国文学批评现代性的内涵。

①温儒敏著：《中国现代文学批评史》，北京大学出版社 1993 年版。

1905 年王国维提出融会中西的"化合"之说。知而后行，化而后合，王国维明确提出"学无中西"，力主二者"化合"。"余谓中西二学，盛则俱盛，衰则俱衰，风气俱开，互相推助。且居今日之世，讲今日之学，未有西学不兴而中学能兴者，亦未有中学不兴而西学能兴者。""异日之发明光大我国学术者，必在精通世界学术之人而不在一孔之陋儒。"他说："故我中国有辩论而无名学，有文学而无文法，足以见抽象与分类二者皆我国人之所不长，而我国学术尚未达自觉之地位也。"王国维虽在学术方面几经变化，但对西学方法和理论的借鉴、化合是一以贯之的。陈寅恪《静安遗书序》述其学术内容与治学方法有三：一曰取地下之实物与纸上之遗文互相释证，二曰取异族之故书与吾国人之旧籍互相补证，三曰取外来之观念与固有之材料互相参证，正确地指出了王国维对现代西方文化的态度。

王国维在 1912 年发表《宋元戏曲史》，把我国的戏曲理论推入到一个全新的境界。郭沫若说："王国维的《宋元戏曲史》和鲁迅的《中国小说史略》，毫无疑问，是中国文艺史研究上的双璧。不仅是拓荒的工作，前无古人；而且是权威的成就，一直领导着百万的后学。"

他也是中国史学史上将历史学与考古学相结合的开创者，确立了较系统的近代标准和方法。他将西方的科学方法同传统考据方法成功地结合起来，创立和提介著名的"二重证据法"。强调要将地下的新材料与文献材料并重，古文字古器物之学要与经史之学相互表里，"不屈旧以就新，亦不绌新以从旧"。他用西方的进化史观来研究中国的古代史，写了如《殷周制度论》等。郭沫若评价说："王国维研究学问的方法是近代的，思想感情是封建式的。"

《人间词话》也是一部东西合璧的杰作，它将美国人禄尔克的《教育心理学》，康德、叔本华、尼采等人的哲学都融化在这本讨论中国古典文学的论著中了。这也是中国传统美学思想与西方美学理论完美结合的产物。

《人间词话》提到广为人知的三种境界：古今之成大事业、大学问者，必经过三种之境界："昨夜西风凋碧树。独上高楼，望尽天涯路。"此第一境也；"衣带渐宽终不悔，为伊消得人憔悴。"此第二境也；"众里寻他千百度，蓦然回首，那人却在、灯火阑珊处。"此第三境也。此等语皆非大词人不能道。然遽以此意解释诸词，恐为晏欧诸公所不许也。

第一境出自晏殊《鹊踏枝》："槛菊愁烟兰泣露。罗幕轻寒，燕子双飞去。明月不谙离恨苦，斜光到晓穿朱户。昨夜西风凋碧树，独上高楼，望尽天涯路。欲寄彩笺兼尺素，山长水阔知何处。"

第二境出自柳永《蝶恋花》："伫倚危楼风细细，望极春愁，黯黯生天际。草色烟光残照里，无言谁会凭栏意。拟把疏狂图一醉，对酒当歌，强乐还无味。衣带渐宽终不悔，为伊消得人憔悴。"

第三境出自辛弃疾《青玉案》："东风夜放花千树，更吹落、星如雨。宝马雕车香满路。凤箫声动，玉壶光转，一夜鱼龙舞。蛾儿雪柳黄金缕，笑语盈盈暗香去。众里寻他千百度，蓦然回首，那人却在、灯火阑珊处。"

宗白华像
一代美学大师宗白华对"意境说"有着准确而深刻的评价。

写给青少年的
美学故事

境界即意境，而"境界说"是植根于中国传统美学土壤中的，它与传统美学思想有着较深的渊源关系。宗白华先生在《中国艺术意境之诞生》中指出"意境"是"中国文化史上最中心最具有世界贡献的一个方面"。"中国艺术的最后的理想和最高的成就"就是意境。[①]

《说文》"竟"（亦作"境"）本义曰："竟，乐曲尽为竟。"为终极之意。又云："界，竟也。""境界"原本是作为佛教中一个用语被运用的。在唐代诗人王昌龄的诗论著作《诗格》中说："诗有三境：一曰物境。欲为山水诗，则张泉石云峰之境，极丽绝秀者，神之于心，处身于境，视境于心，莹然掌中，然后用思，了然境象，故得神似。二曰情境。娱乐愁怨，皆张于意面处于身，然后驰思，深得其情。三曰意境。亦张之于意而思之于心，则得其真矣。"

王国维断言："文学之工与不工，亦视其意境之有无与深浅而已。"《人间词话》首则即云："词以境界为最上。有境界则自成高格，自有名句。五代北宋之词所以独绝者在此。"

王国维说："境非独谓景物也。喜怒哀乐，亦人心中之一境界也。能写真景物、真感情者，谓之有境界，否则谓之无境界。""何以谓

---

①宗白华著：《中国艺术意境之诞生》，北京大学出版社1987年版。

之有意境？"曰："写情则沁人心脾，写景则在人耳目，述事则如其口出是也。"王国维赋予了"境界"新的意义，"它是通过情景问题，强调了对象化、客观化的艺术本体世界中所透露出来的人生，亦即人生境界的展示。"①他说："有诗人之境界，有常人之境界。诗人之境界，唯诗人能感之能写之，故读其诗者，亦高举远慕，有遗世之意。若夫悲欢离合，羁旅行役之感，常人皆能感之，而唯诗人能写之。故其入于人者至深而行于世也尤广。"

境界有两个基本审美形态："有有我之境，有无我之境。'泪眼问花花不语，乱红飞过秋千去'，'可堪孤馆闭春寒，杜鹃声里斜阳暮'，有我之境也；'采菊东篱下，悠然见南山'，'寒波澹澹起，白鸟悠悠下'，无我之境也。有我之境，以我观物，故物皆着我之色彩。无我之境，以物观物，故不知何者为我，何者为物。古人为词，写有我之境者为多。然未始不能写无我之境，此在豪杰之士能自树立耳。"无我之境，人唯于静中得之；有我之境，于由动之静时得之。故一优美，一宏壮也。

王国维认为"隔"与"不隔"是判别意境优劣的基本标准。他说：问"隔"与"不隔"之别，曰：陶谢之诗不隔、延年则隔矣。东坡之诗不隔，山谷则稍隔矣。"池塘生春草"、"空梁落燕泥"等二句，妙处唯在不隔，词话亦如是。故云："语语都在目前，便是不隔"，他说"'生年不满百，常怀千岁忧。昼短苦夜长，何秉烛游？'写情如此，方为不隔。'采菊东篱下，悠然见南山。山气日夕佳，飞鸟相与还'写景如此，方为不隔。"朱光潜对此的解释是："隔与不隔的分别就从情趣和意象的关系上面见出。情趣与意象恰相熨帖，使人见到意象，便感到情趣，便是不隔。意象模糊零乱或空洞，情趣浅薄或粗浅，不能在读者心中现出明了深刻的境界，便是隔。"

"王国维的'境界'（意境）说，在我国整个诗学发展史上居有十分重要的地位。它跟西方的某些诗学遗产，特别是康德的'美的理想'、'审美意象'说，叔本华的'审美静观方式'及艺术'理念'说，关系也很密切。境界（意境）——这是诗（以至一切文学）的本质之所在。美在境界——这是王氏诗学的一个核心。王氏看准了并把握了这个核心，如同禅家说的'截断众流'。因而，比之他的先辈，他有权利感到自豪。"②

①李泽厚著：《美学三书》华夏美学部分，安徽文艺出版社1999年版。
②佛雏著：《王国维诗学研究》，北京大学出版社1999年版。

第七编
20 世纪以来的美学

　　20 世纪美学与人类社会在 20 世纪的进步关系密切。20 世纪的人类社会在政治、经济、科技、文化等社会生活的各个领域都获得了空前的发展，同时人类所面对的各种问题也空前地增多，而现代主义美学思想敏感而又全面地反映了人类社会发展的现状，进入了多元发展的时代，流派纷呈，方法多样，形式主义、精神分析、现象学、结构主义等等令人目不暇接，美学研究不断地向新的领域深入下去。

第一章

表现主义美学
——克罗齐的美学思想

"黑格尔美学是艺术死亡的悼词，它考察了艺术相继发生的形式并表明了这些艺术形式的发展阶段的全部完成，它把它们埋葬起来，而哲学为它们写下了碑文。"[①]

针对古典美学中的艺术消亡论，克罗齐通过强调直觉的知识(即艺术)是人类心灵活动中必不可少的一个阶段做出了回答："问艺术是否能消灭,犹如问感受或理智能否消灭,是一样无稽。"

克罗齐"直觉即表现"理论的核心，就是要从理论上确立艺术的独立地位，是直接针对着古典美学的理性至上原则及艺术消亡论的。美就是表现，"合适的表现，如果是合适的表现，也就是美的。美不是别的，就是意象的精确性，因此也就是表现的精确性。"

克罗齐的美学理论是 20 世纪最有影响的美学理论之一。他的"艺术即直觉，直觉即表现"是他整个心灵哲学的一个组成部分，是他美学体系的核心论点。

表现主义（Expressionism）是从法文"表现"一词引申出来的，它最初出现于 1901 年在法国巴黎举办的玛蒂斯画展上，是茹利安·奥古斯特·埃尔维一组油画的总题名。1911

"历史现在、过去、将来都是一样的，就是称之为活历史的，是合乎理想的当代史。"——克罗齐

①克罗齐著,王天清译《作为表现的科学和一般语言学的美学的历史》第144页， 中国社会科学出版社 1984 年版。

年德国《风暴》杂志刊载希勒尔的一篇文章，首次借用这个词来称呼柏林的先锋派作家，1914年以后方为人们普遍承认和采用。表现主义是20世纪初至30年代盛行于欧美一些国家的文学艺术流派，也是西方现代文学中的主要流派之一。第一次世界大战后在德国和奥地利流行最广。它涉及的领域广阔，包括绘画、雕塑、音乐、文学、戏剧以及电影等形式。其主要特点就是强调艺术表现中的主观性和情感宣泄。主张艺术应当干预生活；自我是宇宙的中心和真实的源泉："现实必须由我们创造出来。"主要特征是抽象的人物，人都是象征性的，不具体的，非常类型化的。只是共性的抽象和观念的象征。狂热的激情；荒诞离奇的内容，散乱的结构，强烈的色彩等。强调"艺术就是表现"。表现主义意味着一种叛逆、否定和反抗，具有鲜明的反传统性格。表现主义是对自然主义和印象主义的一种反驳。

直觉即表现亦即艺术

克罗齐美学实现了西方美学的价值论转向。

克罗齐主张艺术即直觉，美即表现，艺术与美同一，从而把美从"道德的象征"或"理念的显现"转变为"情感的表现"。克罗齐认为，艺术是纯直觉，创造力既不是道德，也不是哲学。艺术表达的是具体的特性，不应该追问它的真与善。

克罗齐像

写给青少年的
美学故事

克罗齐（1866年～1952年），意大利新黑格尔主义哲学家、美学家、历史学家、政治家。1866年2月25日生于阿圭拉省佩斯卡塞洛里，父母都是虔诚的天主教徒。1883年，在一次大地震中，他失去了双亲，他也被埋在瓦砾中7个多小时，受到了重伤。随后，他来到了罗马，和叔父住在一起，并在罗马大学学习法律，但是他一直没有获得学位，随后就回到了那不勒斯，1952年11月20日卒于那不勒斯。

他是意大利资产阶级自由派的著名代表。1910年当选为参议员。1914年结婚并有四个女儿。1920年、1921年任政府教育部长。在墨索里尼当政和德国占领时期，他在自己的著述中坚持反法西斯立场；1943年～1947年领导他所重新创建的自由党，并于1944年短期担任过部长。

他的学术研究最初侧重历史，后来转到哲学、美学和文学。在哲学和美学上他受到黑格尔、维柯的影响。

克罗齐把心灵活动分为认识活动和实践活动。认识活动从直觉始，到概念止；实践活动从经济活动始，到道德活动止。直觉、概念、经济、道德这四种心灵活动囊括了一切心灵活动。直觉是全部心灵历程的始点。直觉是心灵最低一层的活动，它可不依赖于其他任何一种心灵活动，其他任何一种心灵活动却离不开它。直觉的独特性包含了表现的独特性。直觉求美，概念求真，经济求利，道德求善。审美直觉是有别于逻辑活动的知识形式。直觉产生个别意象，正反价值为美与丑；克罗齐说："知识有两种形式：不是直觉的，就是逻辑的；不是从想象得到的，就是从理智得来的；不是关于个体的，就是关于共相的；不是关于诸个别的事物，就是关于它们中间关系的，总之，知识所产生的不是意象，就是概念。"也就是说，直觉是介于感觉与知觉之间的一种心灵活动，是全部心灵活动的基础。直觉是个体的形象，是属于形式的，因此是个体的形式。克罗齐说："直觉在一个艺术作品中所见出的不是时间和空间，而是性格、个别的相貌。"

呼号 挪威 蒙克
又名《呐喊》，作者在此将人对孤独与死亡的恐惧感淋漓尽致地刻画出来，他为恐惧赋予概括、含糊乃至恐怖的表现。画中那婉转随意的线条，将凄惨的尖叫变成了可见的振动，像声波一样绵延不断地向外扩散，具有非凡的表现力。此画是表现主义绘画中的典范之作。

艺术的本质是直觉——表现。直觉是人人皆有的心灵活动。艺术天才与一般天才比较，只有量的多寡。"诗人是天生的"一句话应改为"人是天生的诗人"。

在克罗齐看来，作为一种心灵活动，直觉是一种精神性的东西，直觉作为"心灵综合作用"既表现了情感，又创造了客观世界中的物质。它把形式给了"感觉"，使"感觉"有了形式或形象而被表现出来，变成能被心灵掌握、能被心灵察觉的东西，也就是变成了人的感性认识的对象。如果感觉能恰如其分地被意象表现出来，这些表现就是成功的，而美就是成功的表现。

"艺术的直觉总是抒情的直觉。" ——克罗齐

远处的朋友：蒙克的两位朋友在远处行走，对因恐惧而呐喊的蒙克视而不见，表现了人与人的疏隔。

不可思议的天空：作品中的天空是血红色，形成强烈的视觉冲击，使人感到内心不安。

望不到边际的道路和栏杆：让人联想到死亡的恐怖。

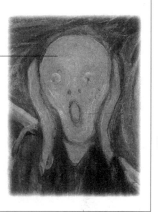

呐喊者：令人恐怖的面孔，绝望的叫喊，还有几乎要窒息的压抑感。

写给青少年的
美学故事

　　凡是直觉都是表现，如果表现不出来，就证明它还算不上直觉，而且这里说的表现是指"心中成就"的表现，并非一定得写在纸上（如诗），画在画布上（如画）或者谱成乐谱演奏出来（如音乐）。

　　克罗齐认为，只要表现已在心中成就，就一定能写下（画下、谱下），否则说明表现在心中尚未成就，以为自己心中已有了表现，那只是一种错觉。克罗齐说："每一个直觉或表象同时也是表现。没有在表现中对象化了的东西就不是直觉或表象，就还只是感受和自然的事。心灵只有借造作、赋形、表现才能直觉。"

　　克罗齐得出了一系列结论：即直觉就是抒情的表现，直觉就是美，就是艺术，艺术的创造和欣赏之间并没有本质的区别，"欣赏家也许是个小天才，而艺术家也许是个大天才"。因此，如欲欣赏艺术品，必先自成艺术家，正如他说："要了解但丁，我们就必须把自己提升

到但丁的水平。"并把语言和艺术等同起来。在克罗齐那里，直觉、表现、艺术几乎是同义词。

他说："艺术是什么——我愿意立即用最简单的方式来说，艺术是幻象或直觉。艺术创造了一个意象或幻象；而喜欢艺术的人则把他的目光凝聚在艺术家所指出的那一点上，从他打开的裂口朝里看，并在他自己身上再现这个意象。当谈到艺术家时，'直觉'、'幻象'、'凝神观照'、'想象'、'幻想'、'形象刻画'、'表象'等词就像同义词一样，不断地重复出现，这些词都把心灵引向一个同样的概念或诸概念的一个同样范围，一个大体一致的指定。"

他认为："艺术永远是抒情的——也就是说包含情感的叙事诗和戏剧……艺术的直觉总是抒情的直觉：后者是前者的同义词，而不是一贯形容词或前者的定义"。[1]

美学辞典

表现主义（Expressionism）：是从法文"表现"一词引申出来的，它最初出现于1901年在法国巴黎举办的玛蒂斯画展上，是茹利安·奥古斯特·埃尔维一组油画的总题名。1911年德国《风暴》杂志刊载希勒尔的一篇文章，首次借用这个词来称呼柏林的先锋派作家。1914年以后方为人们普遍承认和采用。表现主义是20世纪初至30年代盛行于欧美一些国家的文学艺术流派，也是西方现代文学中的主要流派之一。第一次世界大战后在德国和奥地利流行最广。它涉及的领域广阔，包括绘画、雕塑、音乐、文学、戏剧以及电影等形式。其主要特点就是强调艺术表现中的主观性和情感宣泄，主张艺术应当预示生活，自我是宇宙的中心和真实的源泉："现实必须由我们创造出来。"主要特征是抽象的人物，人都是象征性的，不具体的，非常类型化，只是共性的抽象和观念的象征。强调"艺术就是表现"，表现主义意味着一种叛逆、否定和反抗，具有鲜明的反传统性格。表现主义是对自然主义和印象主义的一种反驳。

---

①参见蒋孔阳主编：《西方美学通史》第6卷第11～76页，上海文艺出版社1999年版。

第二章
美是客观化的情感
——自然主义美学

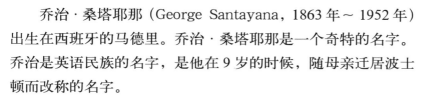

乔治·桑塔耶那（George Santayana，1863年~1952年）出生在西班牙的马德里。乔治·桑塔耶那是一个奇特的名字。乔治是英语民族的名字，是他在9岁的时候，随母亲迁居波士顿而改称的名字。

受过大学教育的父亲对他产生了重要的影响，桑塔耶那认为应该从诗的角度来理解宗教对世界的解释这个观点，就是来自他的父亲。在波士顿拉丁学校学习的8年中，虽然家庭生活清贫，但是他学习刻苦。善于思考的他写道："我有个本能的感觉，觉得生活是一场梦。景象随时都可以完全消失或完全改变。"

写给青少年的
美学故事

1882年，他考入哈佛大学，师从哲学家威廉·詹姆斯和乔西亚·罗伊斯，毕业后在这里执教20多年，这里成为他一生中最为熟悉的地方。他厌恶学院传统，他自己说："假如我根本当不了教授的话，那可真是件幸事。"他不愿意做职业哲学家，更喜欢当一名漫游学者。

在50岁那年中的一天，这位大师站在哈佛大学的讲坛上，夕阳从窗斜照进来，偶有知更鸟飞来，立在窗格上，他看了一会儿，若有所失又若有所得，回过头来，把粉笔往身后一甩，向学生说：我与阳春有约！便走出教室，辞去了23年的教席，云游欧洲的巴黎和伦敦，1925年定居在罗马这个"自然和艺术最美好而人类又最少干扰"的城市，直到1952年在那里去世。去世的时候，他拒绝为他实施忏悔，成为他忠诚于完全地用自然主义来解释一切事物的象征。

他一生写了 30 多本著作，部分作品构成了"英语文学遗产中具有永久价值的部分"[①]。

桑塔耶那的美学是其自然主义哲学的延伸。他的哲学思想是自然主义和怀疑论的。自然主义哲学就是认为没有超自然的实体，一切都是按照自然实际发生的模式来认识和解释自然现象，任何自然科学所不能证明的东西都是不存在的或者是令人怀疑的。

在艺术和文学理论中，自然主义（Naturalism）与写实主义关系密切，两者都要求真实地描绘人生，然而自然主义者坚持艺术必须采用科学的方法，也必须证明所有的行为都取决于遗传和环境。要求作家像自然科学家一样冷静、客观，不带感情色彩，不对所写的事与人进行社会与道德的评价。

桑塔耶那认为任何事物的存在都是无法证明的。人们认识中的世界，并非世界的本来面目，这是由于感觉和心灵渗入其中的缘故。基于其怀疑论的观点，他区分了本质和存在，把存在看作是外部物质世界，本质是普遍的、一种逻辑的特性。本质是心灵的对象。心灵不能无误地把握本质。

基于其本质论，他把世界即其所谓的自然划分为存在、本质、心灵状态三个部分。心灵状态是感觉材料加上个体的差异性而构成。心灵和本质只是在特定的状态下才具有同一性，也就是说，只有在特定的状态下才能认识本质。通过认知主体的间接经验和直接经验的方式来认识本质，通过凝神观照来直接把握本质，这实际上就是审美。但是心灵永远不能确切认识存在，只是靠本能推测到存在。

桑塔耶那的《美感》一书是他的第一本美学著作，也是美国的第一部美学著作，这本书就是基于他的自然主义和怀疑论的观点创作的。该书采用自然主义的心理学方法来解释美感经验。他的《美感》就是注重自然主义的经验观察的结果。他注重经验在美学中的作用："美之所以存在，就是因为我们观看事物与世界的人存在。它是一种经验……"

"不能记起过去的人，便注定要重蹈覆辙。"——桑塔耶那

---

①参见阎国忠主编：《西方美学家平传》下卷第 126 页，安徽教育出版社 1991 年版。

他认为："美是一种价值，也就是说，它不是对一件事实或一种关系的知觉，它是一种感情，是我们的意志力和欣赏力的一种感动。如果某种事物不能给任何人以快感，它绝不可能是美的；一个人无动于衷的美是一种自相矛盾的说法。"美"是一种积极的、固有的、客观化了的价值。或者用不大专门的话来说，美是被当作事物之属性的快乐……美是在快感的客观化中形成的。美是客观化的快感。"

"美是一种感性因素，是我们的一种快感，不过我们却把它当作事物的属性"来加以认识的。他给美的定义就是：美是一种"客观化了的快感"。桑塔耶那把美说成是一种快感，但他并不认为一切快感都是美的。有些快感较易于客观化，美感与一般快感的感受本身也不相同。如果一件事情不能给任何人以快感，它绝不可能是美的，快乐的才是审美的，"一件美的东西永远是一种快感"，"没有了快感，就缺少了美的本质和原质了"。

写给青少年的
美学故事

人们的审美经验有一种普遍的要求：故事和戏剧应该"快乐收场"，环境、风景、服装、谈吐应让人联想到可喜可爱的事。"快乐在于其直接的感觉因素和感情因素，只要我们此刻还生存又认为我们的快乐在于呼吸、视听、恋爱、睡眠等最简单的事情，我们的快乐就具有与审美愉悦相同的本质、相同的因素，因为正是审美愉悦造成我们的快乐。"

桑塔耶那把美分为材料美、表现美、形式美，无论哪一种美"都是一定刺激所发射的愉快的光辉"。桑塔耶那强调审美快感并不等同于肉体的快感。生理快感是一种比较粗劣的快感，审美快感是一种比较优雅的快感。美感可以超脱肉体关系，是一种自由自在、赏心悦目的感觉，而一般快感则是"沉湎于肉体之中，局限于感官之内，就使我们感到一种粗鄙和自私的色调了。"有时候，两种快感可能结合成一种美。在这个意义上，桑塔耶那把自己的美学著作命名为《美感》。

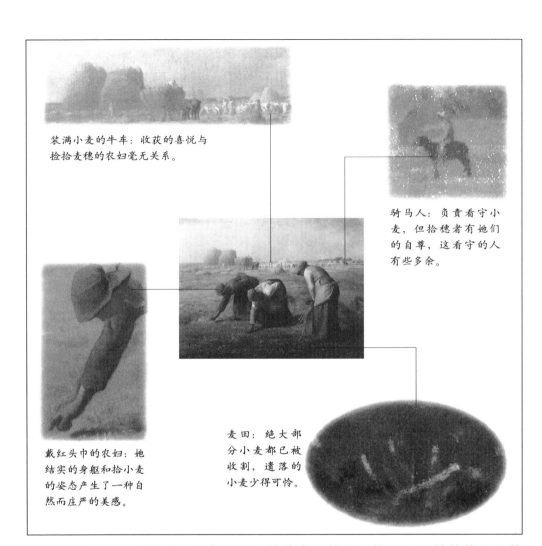

装满小麦的牛车：收获的喜悦与捡拾麦穗的农妇毫无关系。

骑马人：负责看守小麦，但拾穗者有她们的自尊，这看守的人有些多余。

戴红头巾的农妇：她结实的身躯和拾小麦的姿态产生了一种自然而庄严的美感。

麦田：绝大部分小麦都已被收割，遗落的小麦少得可怜。

　　在桑塔耶那的美感理论中，不仅美的来源是主观的，而且美的体现和美的判断标准也是主观的。"美的程度依赖于我们的天性，而美的本质也依赖于我们的天性"，而且"一切东西绝不是一样美的，因为判断美丑的主观偏见，就是事物所以为美的原因"。

　　生物学观点是桑塔耶那建立自己的自然主义美学的锐利武器。桑塔耶那认为，美感主要来自视觉机能和听觉机能。人体是一部机器，审美不过就是这部机器各部件的有机协调。主体良好的审美享受有赖于人体机能的健康，人体机能的病态会削弱主体的审美观照能力，"没有健康就不可能有纯粹的快感"。在一个病魔缠身的人眼里，一切美的事物都会大打折扣。

"艺术永远是人对自然的第一声回答。"——杜夫海纳

桑塔耶那还突出强调性在审美中的作用，他认为审美的敏感来源于性机能的轻度兴奋。他说："如果我们不探索性对于我们的审美敏感的关系，就会暴露出我们对人性的观点完全不切实际。""如果幻想制造一个对美极其敏感的生灵，你再也想不出比性更加适合这个目的的工具了。"一个对女性缺乏热情的男人，很难想象他对审美对象能够敏感。正是在性的驱使下，人们对美怀着一种深刻的精神之爱，从而发现美。

自然本能概念构成了桑塔耶那艺术观的核心。桑塔耶那认为艺术是出自生理冲动的游戏。从艺术起源看，桑塔耶那认为艺术是一种无意识的本能的活动；"艺术的基础在于本能和经验"。艺术和本能一样是不自觉的，是自动的。艺术"从一种冲动开始"，是"有机体和

写给青少年的
美学故事

拾穗者　法国　米勒
米勒是法国少数几个直接了解农民生活的画家，他不仅描绘农民的悲惨生活，同时也宣扬了他们生活中所具有的高贵和尊严。他的《拾穗者》有着古代雕塑的魅力，在这幅画中，米勒采用横向构图的方法，描绘了三个正弯着腰、低着头在已经收割过的麦田里拾剩落的麦穗的妇女形象。画作表现了农妇自然、朴素的美，具有自然主义倾向。

干草车　英国　康斯坦布尔

这幅作品是对地道的英国农村风光的描绘，画面中的马车上装满干草，在清浅的小溪上涉水而过，富有恬淡的生活情趣，人们对自然和生活的热爱也由此激发出来。作品充分体现了自然主义艺术的风格。

它的环境的相互作用"的结果。

艺术的目的就是使人的生物性的冲动得到实现。人的艺术创造活动与动物的行为别无二致。筑巢也是一种艺术，鸟筑巢与艺术家从事创作一样，是"被所从事的艺术的例行公事推向前进"的，是无意识的、本能的。但桑塔耶那认为艺术是一种"理性的行为"。"理性的基础是一种动物的本能，理性的唯一功能是为这种动物本性服务。"桑塔耶那的艺术有广义和狭义之分，广义的艺术是指劳动或工业，狭义的艺术他称为自由的艺术或美的艺术。

从艺术功能看，桑塔耶那认为艺术直接与有用相连。这是基于其认为美是一种价值的观点。"艺术，由于在人的身体之外建立了人的生活手段，并造成了外部事物同内部价值的一致，它就确立了一个能不断产生价值的领域。"美的艺术一方面是本能的、无目的的，另一方面是有用的、有目的的。

桑塔耶那反对审美无功利说，强调审美快感的特征不是无利害观念，认为对美的功利的冷漠是审美能力丧失的表现。"所有的艺术都是有用的和有实效的。一些艺术作品大多由于其道德意义才具有显著的审美价值，其本身是艺术提供给作为整体的人性的一种满足。"桑塔耶那认为，艺术兼有"自动性"和"有用性"，艺术是意识到目的的创造本能，"美的艺术"就是这两种特征的完全复合。

桑塔耶那认为，有用是美的前提，无用是丑的预兆，欲望的满足本身就有一种美感的色彩："欣赏一幅画固然不同于购买它的欲望，但是欣赏总是或者应该是与购买欲有密切关系的，而且应该说是它的预备行为。"实用价值能够助长事物的美。当我们"知道这件东西是无用的和虚构的，浪费和欺骗的不安之感萦绕于心中，就妨碍任何的欣赏，结果把美也赶走了"。"想到明明白白不合用，这一念之间就足以破坏我们对任何形式的喜爱，不论它在本质上是多么的美；但是感到它的合用，这一念又足以使我们安于最笨拙最粗劣的设计了。"

纯审美是一种浪费。如果"我们醉心于没有标准，没有目的的形形色色的欣赏，把一切恼人的幽灵都称之为美，我们就变得不能辨别美的精妙不能觉察美的价值了。"[①]一个事物当它有实用性时，就有了半审美性，而当它合乎我们的习惯、符合我们的经验与本能时，就有

了完全的审美性。如果没有功用即合目的性，就去掉了半个审美性；如果没有本能即没有无目的性，就又去掉了另一半的审美性。

达那厄 奥地利 克里姆特
少女的圆形的乳房和乳头位于特别夸张的粗壮大腿与色彩浓重的头发波浪之间，一片片圆圆的金币似的金雨点与之呼应，像瀑布一样从少女的两腿之间流泻下来，这是与宙斯交欢的暗示。少女双眼紧闭，嘴巴微张，在尽情享受这销魂荡魄的时刻。画作对少女欲望神情的描绘具有高度审美价值，具有一种奇妙的美感。

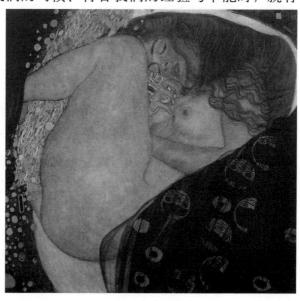

---

①引文参见桑塔耶那著：《美感》，中国社会科学出版社1982年版；蒋孔阳主编：《西方美学通　史》第6卷第二章，上海文艺出版社1999年版。

第三章
盛行于 20 世纪 30 年代的形式主义美学

现代人本主义与科学主义的冲突对立是 20 世纪西方哲学发展的主导倾向。

20 世纪西方美学流派众多，异说纷呈。由于美学之父鲍桑葵明确把科学和哲学区别开来，认为美学就是对于艺术的哲学思考，必须关心"美在人类生活的体系中究竟占有什么地位和具有什么价值"。①所以，在美学内部也可以这样来区分："本世纪欧美美学的全部发展，同哲学相似，可以概括为人本主义美学与科学主义美学两大思潮的流变更迭。"②

形式主义美学是贯穿整个西方美学发展史的一种理论倾向。就主导倾向而论，西方美学始终是重形式的。

英国形式主义美学、俄国形式主义美学是形式主义美学在 20 世纪初的代表。贝尔的"有意味的形式"还徘徊于形而上学和经验论之间，他的美学具有折衷的性质。弗莱则自觉地以经验主义为思想基础，从具体的审美经验和审美情感出发研究艺术。俄国形式主义美学研究的重心则是文学的内部规律，主张以科学的方法研究文学的"内在问题"。因此，俄国形式主义美学实际上是一种文艺理论。③

20 世纪形式主义多侧重操作性、技术性的精雕细琢，而对于形而上学的理性思辨缺乏应有的兴趣，所以并非每种形式学说都有一个能够统辖自己理论总体的哲学纲领。

①鲍桑葵著：《美学三讲》第51页，上海译文出版社1983年版。
②朱立元编：《现代西方美学史》第3页，上海文艺出版社1993年版。
③黄赞梅：《现代西方美学的倾向》，载《南昌大学学报》（人社版）。

"形式"概念本身是一个哲学概念，从毕达哥拉斯学派的"数理形式"到柏拉图的"理式"，再到亚里士多德的"质料与形式"，以及康德的"先验形式"和黑格尔的"内容与形式"等，无不派生于他们的哲学体系，建基在坚实的哲学根石之上。

20 世纪的形式主义也不能摆脱哲学的纠缠，但是，整个 20 世纪的哲学本身就回避理性

农园　西班牙　米罗

这件作品以数学式的精确来精雕细琢所有的细部，安排成一种幻想式的作品，并且最后达到了一种令人惊叹的艺术效果。画家将现实中的农场一丝不苟地摄入自己的画面中：蓝天之下，肥沃的土地上布满了成片的玉米，近处还有白色墙壁的农舍和鸡舍，一些农具随处摆放。画面右下角，小小的蜗牛和蜥蜴也活泼生动，清晰可见。在对画中树木的选择上，画家精心地描绘了他喜欢的桉树皮。画中农场的远处有一位正在洗衣服的农妇和一匹准备担水的马。这些植物、动物、道具等等，在画家的笔下得到了令人叹为观止的和谐分配，被描绘得精心细致，它们共同组织成了一个充满亲密、幻想气氛的画面。形式主义美学的艺术理念在这件作品中得到了准确阐释。

写给青少年的
美学故事

的追问，试图以经验的感悟和实证代替"形而上"的思辨。"当代西方美学从总的倾向上来看，仍然沿袭着费希纳所提出的美学要舍弃传统的'自上而下'的思辨方法，而采取'自下而上'的经验主义方法。"[①]

"形式美学"就是对形式的美学研究，或者说是从美学的角度研究文学艺术的形式问题。"形式美学"不仅不回避操作性和技术性的"形而下"问题，而且将"形而下"作为最直接的对象，但它并不拘泥于和局限在"形而下"的层面，而是将古典美学的思辨传统与现代美学的实证方法融为一体，重在从哲学的层面全方位地考察形式的美学意蕴。

形式主义美学（formalisticesthetics）是一种强调美在线条、形体、色彩、声音、文字等组合关系中或艺术作品结构中的美学观。与美学中

---

①朱狄著：《当代西方美学》第 3～4 页，人民出版社 1984 年版。

强调美在于模仿或逼真再现自然物体之形态的自然主义相对立。

形式主义美学有着深远的历史渊源。古希腊毕达哥拉斯学派就曾试图从几何关系中寻找美。18世纪英国艺术理论家W．荷迦斯（1697年～1764年）在其《美的分析》中提出美是由形式的变化和数量的多少等因素相互制约产生的。

德国艺术史家J.J.温克尔曼（1717年～1768年）声称，真正的美都是几何学的，不管古典艺术还是浪漫艺术，都是如此。康德则明确指出："在所有美的艺术中，最本质的东西无疑是形式。"在《审美判断力批判》中，康德说："美是一对象的合目的性的形式，在它不具有一个目的的表面在对象身上被知觉时。"在康德那里无形式的崇高美在这里也是一种

小丑狂欢节　西班牙　米罗

画面中描绘的是在一个房间里，正在举行狂热的集会。集会上的主人公长着优雅的长胡子，正叼着长杆的烟斗，忧伤地凝视着周围的人。他的周围是各种各样的野兽、有机物，全都十分快活。整幅画没有什么特别的象征形象，但画面宛如一个掉了底的玩具箱，一切事物都分解、气化、上升以至于在天空弥漫，一切都失去了重量。据说米罗在这幅画中描写的是因为贫穷、饥饿而产生的幻觉，因此可说这是一幅实实在在的"梦幻绘画"。

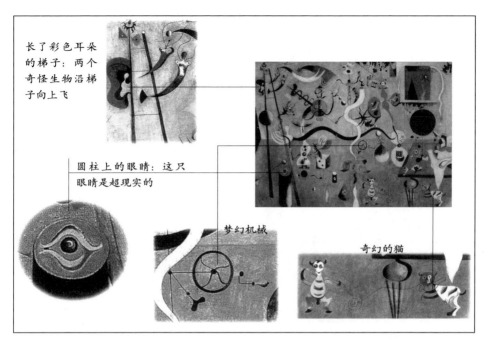

长了彩色耳朵的梯子：两个奇怪生物沿梯子向上飞

圆柱上的眼睛：这只眼睛是超现实的

梦幻机械

奇幻的猫

特殊的形式，建筑、雕刻、音乐、美术等的美就更在于形式。只有形式是超功利目的的，只有唤起纯粹审美感情的形式才具有审美价值。康德极力强调形式美使以后的一大批美学家认识到，过分强调模仿和再现，只能把人们的注意力引向艺术品再现的事物，而不是艺术品本身，这样一来，艺术品就会失去本身的价值。

康德之后，形式主义美学的主要代表是德国美学家 J.F.赫尔巴特（1776 年～1841 年）及其门徒奥地利哲学家 R.齐默尔曼（1824 年～1898 年）。赫尔巴特主张，美只能从形式来检验，而形式则产生于作品各组成要素的关联中。齐默尔曼的美学一度被人们称为"形式科学"，他指出，只要从较远距离观看一个物体，就能很容易地发现其"形式"，而这一形式正是产生审美愉快的源泉。赫尔巴特的另一追随者奥地利音乐理论家 E.汉斯利克（1825 年～1904 年）则提出"音乐就是声响运动的形式"。这一见解曾轰动一时，从而把这种形式主义思潮推向极端。

20 世纪以来，英国艺术批评家 R.E.弗莱（1886 年～1934 年）和 C.贝

"表现性就存在于结构之中。"　　——阿恩海姆

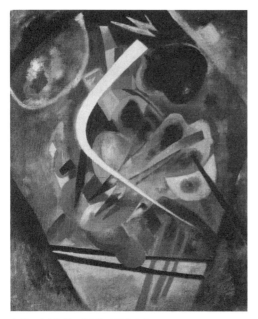

白线　康定斯基　俄罗斯（抽象主义）

这幅作品是康定斯基的抽象主义风格绘画的代表作。在此画中，并没有出现特定的主题和视觉的联想。作品显示了一种猛烈冲突的动势和紧张，这是色彩和形状互相冲突的紧张，就好像一种星际大战似的线条冲突的紧张。而形式主义艺术的后期便发展至抽象主义，二者关系密切。

尔（Arthur Clive Howard Bell（1881年～1964年）对这种形式观做了另一种阐述。

弗莱认为，形式是绘画艺术最本质的东西，由线条和色彩的排列构成的形式，把"秩序"和"多样性"融为一体，使人产生出一种独特的愉快。这种愉快感受不同于再现性内容引起的感情，后者会很快消失，而形式引起的愉快感受却永远不会消失和减弱。贝尔则指出，再现性内容不仅无助于美的形式，而且会损害它。由线条、色彩或体块等要素组成的关系，自有一种独特的意味，是一种"有意味的形式"，只有它才能产生出审美感情。

"有意味的形式"是艺术的一个不以时代的变化而改变的永恒美的特征，可以为不同时期、不同文化的观赏者所识别和喜爱。欣赏艺术无须求助于现实生活内容和日常生活感情，艺术不是激发寻常感情的工具，它把人们从现实世界带向神秘的世界，使人进入一种陶醉状态，这才是真正的审美感情。

贝尔的"形式主义"可归结为"艺术是有意味的形式"。形式，

美学辞典

形式主义美学：这是贯穿整个西方美学发展史的一种美学倾向，主张对形式的美学研究，或者说从美学角度研究美学艺术的形式问题。形式主义美学不仅不回避操作性和技术性的"形而下"问题，而且将形而下作为最直接的对象，但它并不局限于"形而下"层面，而是将古典美学的思辨传统与现代美学的实证方法融为一体，重在从哲学层面全方位地考察形式的美学意蕴。

贝尔认为"就视觉艺术而言，形式就是指由线条和色彩以某种特定方式排列组合起来的关系或形式。是排除现实生活内容的纯粹形式关系。""一种艺术品的根本性质是有意味的形式"。

"有意味的形式，就是一切视觉艺术的共同性质"。意味就是在"纯形式背后表现或隐藏的艺术家独特的审美情感"。因此，"有意味的形式"某种意义上说就是带有审美情感的形式。他所说的"意味"不是寻常的意味，而是"哲学家以前称作'物自体'，而现在称为'终极现实'的东西"。因而，他所说的"有意味的形式"也不是具体的形象，只是抽象的形式："艺术家能够用线条、色彩的各种组合来表达自己对这一'现实'的感受，而这种现实恰恰是通过线、色揭示出来的"。举例来说，就是不"把风景看作田野和农舍"，而"设法把风景看成各种各样交织在一起的线条、色彩的纯形式的组合"。所以，欣赏艺术品"无须带着生活中的东西"，"也无需有关的生活观念和事物知识"，"只须带有形式感、色彩感和三度空间感的知识"就够了。

红黄蓝与黑的构图　西班牙　蒙德里安（抽象主义）

《红黄蓝与黑的构图》是蒙德里安的纯几何形体的抽象画作品。这幅画在平面上把横、竖线结合，构成直角或长方形，并在几何图形中巧妙地安排三原色，加以灰色和黑色，用最基本最抽象的几何图形表达纯粹的精神。

贝尔所说的"审美感情"不是"生活感情"，而是"对终极实在的感情"："那凝视着艺术品的鉴赏家都正处身于艺术本身具有的强烈特殊意义的世界里。这个意义与生活毫不相干。这个世界里没有生活感情的位置。它是个充满它自身感情的世界。"[1]

"审美情感"是"形式主义"的一个重要范畴，它是相应于纯粹形式的情感，具有超功利性，独立自主性与对象的纯形式性。只有将对象视为纯粹的形式，即以其自身为目的时，他才能感受到审美情感。

现代美学流派与贝尔的"有意味的形式"理论，对以后的西方艺术的发展产生了深远的影响。

---

①参见成复旺著：《关于形式美学的思考》，载《浙江学刊》2000年第4期。

第四章

现象学美学

现象学美学是用现象学的方法解释美学问题以及为美学建立现象学基础的一种美学思潮。

现象学（phenomenology）是 20 世纪西方的一种哲学思潮。创始人为德国哲学家胡塞尔（Edmund Husserl，1859 年～1938 年）。胡塞尔是犹太族后裔的德国哲学家，先后在德国哈雷、哥丁根和弗莱堡大学任教，1938 年病逝于弗莱堡。

胡塞尔像

胡塞尔对于现代西方哲学最重要的理论贡献，表现为他对有别于传统认知性经验的一种意向性经验的揭示。意识是"'对某物的意识'显然是充分自明的东西，同时又是极其难以理解的"。先验自我是意识和意向结构的最深核心。朝向对象是意识最普遍的本质。

现象学，不论作为意识的哲学理论，还是作为对人类意识提供描述的特殊形式，简单说就是意向性的理论。意向性"表现了意识的基本性质；全部现象学的问题……分别地来源于此"。"意向性是一般体验领域的一个本质特性……是在严格意义上说明意识特性的东西……把意向性作为无处不在的包括全部现象学结构的名称来探讨。"[①]

现象学的口号是"回到事物本身"。意思是要人们通过直接的认识去把握事物的本质。海德格尔说："现象学这个词本来意味着一个方法概念。它不描述哲学研究对象所包纳事情的'什么'，而描述对象的'如何'。"

胡塞尔认为："现象学：它标志着一门科学，一种诸学科

---

①胡塞尔著，李幼蒸译：《纯粹现象学通论》第 222 页，商务印书馆 1992 年版。

之间的联系；但现象学同时并且首先标志着一种方法和思维态度：典型哲学的思维态度和典型哲学的方法。"①

在胡塞尔看来，现象学哲学与美学有着天然的内在联系与相近性。"艺术家对待世界的态度与现象学家对待世界的态度是相似的。正如哲学家（在理性批判中）所做的那样，世界的存在对他来说无关紧要。艺术家与哲学家不同的地方只是在于：前者的目的不是为了论证和在概念中把握这个世界现象的'意义'，而是在于直觉地占有这个现象，以便从中为美学的创造性刻画收集丰富的形象和材料。"②

现象学美学强调对艺术作品的本质结构的感知和把握。现象学哲学与美学都采用直观法。胡塞尔写道："现象学的直观与纯粹的艺术中的美学直观是相近的；当然这种直观不是为了美学的享受，而是为了进一步的研究，进一步的认识，为了科学地确立一个新的哲学领域。"③"美学家感兴趣的不是个别艺术作品，不是波提切利的花布，不是莎士比亚的十四行诗，也不是海顿的交响乐，而是十四行诗本身的本质，交响乐本身的本质，各种各样素描画本身的本质，舞蹈本身的本质，等等。他感兴趣的是那些一般的结构，而不是特定的审美客体。"④

写给青少年的
美学故事

现象学美学与现象学哲学一样，旨在打破主客观对立，强调交流和融合。这种交流和融合是在纯粹意识领域中意识活动与对象之间的意向指向与意向性给予的交流。现象学美学的意向性理论，避免了主体对客体的单向性的意指，主体与客体不再对立，而是一种双向的交流。意向对象是在意识活动中直接被给予的，而此时的意识活动不能独立存在，它总是对某对象的意识。意义在意向的活动中被直接给予。在

①胡塞尔著，倪梁康译：《现象学的观念》第 24 页，上海译文出版社 1986 年版。
②③倪梁康选编：《胡塞尔选集》下卷第 1203～1204 页，上海三联书店 1997 年版。
④M·盖格尔著：《艺术的意味》第 59 页，华夏出版社 1999 年版。

现象学的本质直观中，纯粹的意向性活动一方面使对象的构造结构显示出来，同时主体的意向性活动结构也显示出来。意向性结构和对象结构是在本质直观中同时呈现出来。

在 1913 年出版的《纯粹现象学通论》中，胡塞尔以丢勒的铜版画"骑士，死和魔鬼"为例，运用现象学方法对艺术中知觉与想象的关系等问题做了深入的探讨，对 20 世纪美学与艺术的发展产生了深远的影响。

在胡塞尔看来，艺术的世界是一个价值世界，这一世界有着与物

骑士，死亡和魔鬼　德国　丢勒

理世界和实践世界以及善的世界迥然相异的特征。"我们终归有一种存在着的美的东西，一种单纯的想象物，一种'图像'，它恰恰是一个理想的对象，而不是一个实在的对象。"审美对象的情致与意韵不是线条与色彩本身，而是在此基础上形成的图像客体所传达的精神性的东西，这一精神性的东西就是审美对象的审美价值："对我存在的世界不只是纯事物世界，而且也以同样的直接性作为价值世界、善的世界和实践的世界。"提香的画之所以是一幅画而不是简单的物理图形，就是因为画面传达着、流动着提香本人对生活的理解、对生命的感悟，富有鲜活的精神气息与旺盛的生命力。由此可知，物理图像只是对"事实世界"的客观再现，艺术图像则是对"价值世界"的审美表征。凡·高画的椅子并不向我叙述椅子的故事，而是把凡·高的世界交付予我。[①]

文森特的椅子　荷兰　凡·高

---

①米盖尔·杜夫海纳：《美学与哲学》第 26 页，中国社会科学出版社 1985 年版。

第五章
存在主义美学

"哲学研究的是存在，它应当回答什么是存在的问题。" ①

作为与传统本质论哲学相抗衡的一种学说，"存在主义虽然是一种每个时代的人都有的感受，在历史上我们随处都可以辨认出来，但只在现代它才凝结为一种坚定的抗议和主张。"

萨特将存在主义者分为两大阵营，一类是以雅斯贝尔斯为代表的基督教徒，另一类是由海德格尔领衔的无神论者，而马里坦则以对待本质的立场为依据，将存在主义分为消极的彻底反本质论与本质论的存在主义两种形式。但是一些思想史家们认为"存在主义实质上不可能加以系统地说明"。因为存在本身是一种无法直接予以把握的东西。

从词源学看，在古希腊语里，"存在"的原义是"呼吸"。梅洛·庞蒂说："存在就是本质。"马塞尔说："存在主义的对象是存在与存在者这一不可分割的统一体。""海德格尔的思想本身就是存在：一切都围绕着它谈，指向它，但达不到它。"西班牙思想家加塞尔说："生活是一种最基本的事实，一切哲学都必须由此出发。我们从内部知道它，在它的身后不可能再有什么可追问的东西。"

海德格尔像
作为现象学学派的发展者、存在主义哲学的创始人，海德格尔的哲学思想至今仍对学术思想产生着影响。

海德格尔艺术再现真理论
马丁·海德格尔（Martin Heidegger，1889 年～1976 年）

①索洛维约夫著：《西方哲学的危机》第 236 页，浙江人民出版社 2000 年版。

出身于一个天主教家庭，早年在弗莱堡大学研读神学和哲学。

1927年，为晋升教授职称，海德格尔发表了未完手稿《存在与时间》。据说，当这本书送到教育部审查时，部长的评语是"不合格"。但就是这样一本被官员判定为不合格的书，成了20世纪最重要的哲学著作之一。

《存在与时间》书影
该书是海德格尔最伟大的著作，他在书中运用胡塞尔的现象学来探讨人类存在的结构。这部著作对萨特以及其他存在主义者产生了深刻的影响。

1928年，海德格尔接替胡塞尔，任弗莱堡哲学讲座教授。纳粹运动兴起后，他参加了纳粹党，并于1933年4月～1934年2月任弗莱堡大学校长。因为他与纳粹的这段牵连，1945年～1951年期间，法国占领军当局禁止他授课。

他1959年退休，隐居家乡黑森林山间别墅，潜心著述，偶尔在朋友圈子内探讨哲学问题。海德格尔是西方哲学史上一位有独创性的、影响广泛的思想家。海德格尔被视为现象学学派的发展者、存在主义哲学的创始人。

现代西方美学以存在为核心，在美学的发展史上，现代美学的一个重要转变就是"存在论美学"对古典"本体论美学"提出挑战，由追究"美的本质"的"本质论美学"向关注"美的存在"的"存在论美学"的转变；后现代西方美学则以语言为核心。

海德格尔美学思想一方面确立了存在的本体地位，从而标志现代西方美学的完成；另一方面又开拓了语言释义学的存在领域，从而又标志着后现代西方美学的开始。

海德格尔认为美学以及"各门科学都是此在的存在方式，在这些存在方式中此在也对那些本身无须乎是此在的存在者有所作为。此在根本上就是，存在于世界之中。"①

"在精神的王国中，我们的世纪将是海德格尔的世纪，正如17世纪可以说是笛卡儿和牛顿的世纪一样。"他主要是一位哲学家，美学只

---

①海德格尔著：《存在与时间》，三联书店1999年版。
②萨弗兰斯基著：《海德格尔传》第140页，商务印书馆1999年版。

是他的哲学体系的一个方面，或者说是他的哲学观点的延伸和论证。[2]

　　"海德格尔的主题不是揭示人的行为或我们心灵的活动，而是通过确立我们通常所说的存在的最本质的东西，来阐明存在这个概念。毫无疑问，这是哲学的任务。而且，我发现这个命题在某些方面是所有哲学命题中最迷人的一个。"[1]"在海德格尔看来，美学与其说是一个艺术的问题，倒不如说是一种与世界的联系方式。"[2]

　　海德格尔的系列演讲《艺术作品的本源》以"回到事情本身"和"直接呈现"的现象学方法考察了"艺术的存在"。海德格尔认为，艺术的价值就在于揭示真理。"艺术品和艺术家都以艺术为基础，艺术之本质就是真理的生成和发生。""在作品中发挥作用的是真理，而不只是一种真实。""作品之成其为作品"，是因为它"是真理之生成和发生的

劫夺萨宾妇女 法国 普桑

海德格尔认为，艺术的本质就是真理的生成和发生。《劫夺萨宾妇女》是一幅宗教神话题材的作品，既有浪漫色彩，又有追求理性的倾向。此画表现的虽是激烈的场面，但占上风的仍然是理性主义。

①布莱恩·麦基著：《思想家》第 88 页，北京：三联书店 1987 年版。
②索洛维约夫著：《西方哲学的危机》第 236 页，浙江人民出版社 2000 年版。

一种方式"。

"美乃是作为无蔽的真理的一种现身方式"。美是艺术显现真理的方式。"作品存在就是建立一个世界"。海德格尔指出，古希腊那个后来被译为"真理"的单词，其本义正好是"无蔽"。"无蔽"同时又意味着"解蔽"或"敞开"。因此，"真理"的本质就是存在者之"无蔽"、"解蔽"或"敞开"状态。"艺术"正是真理得以发生的一种方式。

晚钟　法国　米勒
在这幅画的画面上，夕阳西下，劳动了一天的农民夫妇，听到远方教堂晚钟响起，丢下手中的活计，默默祈祷。画家着力描绘出他们对于宗教的虔诚，使我们为他们的诚实和纯朴所感动。可是画中反映的现实境况又明白无误地告诉人们：他们虔诚的结果只有简陋的工具，破旧的衣衫，两小袋马铃薯，在大地的映衬下，他们是那样的孤立无援。在米勒看来，信仰就是"追求道德"，就是"向善"，他要使人相信"人不单为面包活着"，更是靠道德理想的支持。

"美"也是"作为无蔽的真理的一种现身方式"。艺术是真理之创建、发生和进入存在的突出方式，"作品之成为作品，是真理之生成和发生的一种方式"。海德格尔认为真理就是自由。他说："作为陈述的正确性来理解，真理的本性乃是自由。""艺术让真理脱颖而出。"真理发生的方式多种多样，而艺术是显现真理的最佳方式。"美属于真理的自行发生。"

"艺术作品以自己的方式敞开了存在者的存在。这种敞开，就是揭示，也就是说，存在者的真理是在作品中实现的。在艺术作品中，存在者的真理自行置入作品。艺术就是自行置入作品的真理。"传统美学的根本错误就在于它是从存在者的角度去把握艺术作品的本质的。他用"此在"（Dasein）表示人的存在，即人的在世中存在的状态。

海德格尔在《艺术作品的本源》中所研究的问题是"艺术之谜"，即艺术的本质问题。他说："几乎从对艺术和艺术家做专门考察时起，人们便把这种考察称为审美的。美学把艺术作品当作一个对象，广义的感性把握的对象。今天我们称这种把握为体验。人们体验艺术的方式应当启示艺术的本质。体验不仅对艺术享受，而且对艺术创造都是标准的来源。一切皆体验。然而体验或许就是艺术在其中终结的那个因素。这终结发生得如此缓慢，以致它需要经过数个世纪。"

海德格尔说："只有从存在问题出发，对艺术是什么这个问题的沉思才得到了完全的和决定性的规定。"[①]海德格尔把艺术奠基于存在论，并强调艺术之于艺术作品和艺术家的根本规定性。艺术家创造活动的本性是使艺术作品显现，艺术家是艺术作品的守护人。"无论就它们本身还是就两者的关系来说，艺术家和作品都通过一个最初的第三者而存在。这个第三者才使艺术家和艺术作品获得各自的名称，那就是艺术。"

总之，"艺术是艺术作品和艺术家的本源"。"本源"一词是指"一件东西从何而来，通过什么它是其所是并且如其所是"。"艺术作品的本源，同时也就是创作者和保存者的本源，也就是一个民族的历史性此在的本源，乃是艺术。之所以如此，是因为艺术在其本质中就是一个本源：艺术是真理进入存在的突出方式，亦即真理历史性的生成的突出方式"。"我们寻求艺术作品的现实性，是为了实际地找到包孕于作品中的艺术。"

他说：艺术作品有两大特征，即世界的建立和大地的显现。艺术的价值就体现在这两大特征上面。"世界"和"大地"是海德格尔哲学特有的两个重要概念。所谓"世界"是人与生存环境全部联系的总和，凡与人的生存无关的一切都不是世界。

他说："世界从来不是立于我们面前让我们观看的对象……一块

---

①伊格尔顿著：《美学意识形态》第300页，广西师范大学出版社1997年版。

"世界上没有任何真实之物，只有美除外。"

——克罗齐

石头没有世界，植物与动物也没有世界……但农妇却有一个世界。"他所说的"世界"不是单纯的物质世界，而是天、地、人、神构成的全息整体。"天"是敞开性的场所，"地"是遮蔽性的场所，"人"是和"神"相对的。在海德格尔看来，神性是人用来衡量其本真"存在"或者"诗意栖居"的尺度。"艺术（作品）"能使我们"摆脱惯常性"，"挪移"进"存在者的由它自身开启出来的敞开性"之中，从而"改变我们与世界和大地的关系"，"把我们移出寻常与平庸"。所谓的大地实指无生命的纯物。

　　海德格尔以凡·高的油画"农鞋"为例，表明艺术作品自身是如何显现的。他说："凡·高的绘画揭示了器具，一双农鞋真正是什么。这一存在者从它无蔽的存在中凸现出来。"他说："从鞋具磨损的内部那黑洞洞的敞口中，凝聚着劳动步履的艰辛。这硬邦邦、沉甸甸的破旧农鞋里，聚积着那寒风料峭中迈动在一望无际的永远单调的田垄上的步履的坚韧和滞缓。皮制农鞋上粘着湿润而肥沃的泥土。暮色降临，这双鞋在田野小径上踽踽而行。在这鞋具里，回响着大地无声的召唤，显示着大地对成熟的谷物的宁静的馈赠，表征着大地在冬闲的荒芜田野里朦胧的冬眠。这器具浸透着对面包的稳靠性的无怨无艾的焦虑，以及那战胜了贫困的无言的喜悦，隐含着分娩阵痛时的哆嗦，死亡逼近时的战栗。这器具属于大地，它在农妇的世界里得到保存。正是由于这种保存的归属关系，器具本身才得以出现而自持，保持着原样。"[1]

　　从凡·高所画的农鞋中，海德格尔看到了农妇的整个世界：她劳作的艰辛与收获的喜悦，她分娩的痛苦与对死亡的恐惧……雅斯贝尔斯在谈到海德格尔时曾表示："事实是没人能够声称，他懂得了海德格尔所谈的那个存在是什么。"但是，"海德格尔以自己的方式揭示出'生活'，并以'现实性'和'生存'的名义让它受洗"。

　　在海德格尔那里，美与艺术浑然一体。海德格尔把艺术和美建基于存在论之上，与存在和真理相关。这里的真理是存在的真理，它不

---

[1]海德格尔著：《林中路》第21页，上海译文出版社1997年版。

同于科学的真理，因为科学的真理只关涉存在者，终止于正确性的符合论判断。

海德格尔常被称为"诗人哲学家"。海德格尔的思想实质上是对世界的一种诗性把握。他十分喜爱和重视荷尔德林的诗，这些诗启动了他对艺术的美学沉思。海德格尔认为一切艺术本质上都是诗。他甚至认为："语言本身就是根本意义上的诗。"

"如果全部艺术在本质上是诗意的，那么，建筑、绘画、雕刻和音乐艺术，必须回归于这种诗意。"诗乃是存在者之无蔽的道说，乃是"真理之创建"。海德格尔认为，诗是一种"存在的创建"，这种诗必须受到双重的约束。诗人必须受到诸神的启示，在受到启示的同时，必须用启示把它进而传给地上人民，而传递的中介就是民族的语言。诗的本质就夹在诸神的启示和人间的声音之间，诗人也就站在诸神和民族之间。

荷尔德林曾说：写诗"是人的一切活动中最纯真的"，"人类拥有了最危险的东西——语言，来证明自己的存在……"海德格尔分析说，写诗之所以是"最纯真的，那是因为写诗是想象力的自由游戏，是无功利的"。语言之所以是最危险的，是因为通过语言而明晓自己作为存在者得为自己的"此在"而苦恼、焦心，"语言的任务在于通过它的作用使存在者亮敞，以此来保护存在者。在语言中，最纯粹的东西和最晦暗的东西亦即最复杂的东西和最简单的东西，都可以用言词表达出来。"在海德格尔那里，语言具有某种本体论的地位，他说："唯有语言处，才有世界。"[①]

"当揭开层层相叠的误解以后，读者会感到某些光辉的事物将要出现。可是不幸，它总是停留在将要出现的阶段上。当海德格尔本人最后准备解释苏格拉底以前的格言时，黑夜似乎已经降临，伟大的发现虽已诞生，但我们不能完全看到它。"[②]

萨特的想象论

让·保尔·萨特（Jean Paul Sartre，1905 年~1980 年），是法

---

①海德格尔著：《林中路》，上海译文出版社1997年版。
②海德格尔著：《荷尔德林诗的阐释》第40页，商务印书馆2000年版。

国著名的作家、社会活动家、思想家。萨特被誉为"20世纪人类的良心"。萨特3岁时，右眼因角膜翳引起斜视，5岁就戴上了眼镜；他与西蒙娜·德·波伏娃（Simone de Beauvoir）的情人故事广为人知；他获得1964年度的诺贝尔文学奖，以"一向谢绝来自官方的荣誉"为由拒绝领奖，以60多岁的年龄激情地参加五月风暴而被押上警车等等。

1980年4月15日，萨特在巴黎逝世。

萨特声称自己是个无政府主义者。但是他又说："长时期以来，哲学是一个人试图逃避生活状况的一种思想，特别是逃避那些应尽政治责任的生活状况。人活着，他睡觉，他吃饭，他穿衣，哲学家不重视这样的人。他研究另一些把政治排除在外的领域。今天哲学家关心的是那些睡觉、吃饭、穿衣等的人，此外，再也没有其他的主题。哲学家不得不有一个政治立场，因为政治在这个水平上发展。"他说："哲学就是探讨存在。任何思想如果不导致对存在的探讨就没有根据。""请不要忘记，一个人身上有着整个时代，正像一波浪涛承担着整个大海一样。"

1943年，萨特的哲学巨著《存在与虚无》问世。在此书中，他全面论述了关于"存在"的理论，他说："哲学就是探讨存在。任何思想如果不导致对存在的探讨就没有根据。"指出人即为自我的存在，具有超越的特性，他永远处于变化中，尤其是在时间的流逝中，并显示为"不是其所是和是其所不是"的面貌存在。

他写道："我们所说的存在先于本质是什么意思呢？我们的意思是说，人首先存在于自身相遇，在这个世界上崛起，然后才规定他自己……这就是存在主义的第一原理。"人，不外是由自己造成的东西，这是存在主义的第一

近半个世纪以来，波伏娃与萨特一直以伴侣的面目出现在世人面前，这种伴侣关系是自由的、反世俗的。1960年，波伏娃在《岁月的力量》一书中写道："我们有着共同的特点，我们之间的交流在有生之年从未间断。"

①萨特著，陈宣良译：《存在与虚无》第61页，北京：三联书店1987年版。

自由领导人民　法国　德拉克洛瓦
多年来，萨特一直表现出对穷人的关心以及对各种被剥夺权利者的同情，他坚信自由是人类斗争最有力的工具。

原理，是萨特"自由哲学"的基础，即"存在先于本质"。[①]

　　人的存在是虚无，其过程是一个自身否定的过程。人的这种自身否定，萨特称为"自由"。他说，自由"就是我的存在"。萨特主张人的自由通过人的选择和行动表现出来，自由与选择、行动密不可分。但人又必须承担由此而来的全部责任，包括烦恼、孤独和绝望等。恰如他所言："人是自由的，懦夫使自己成为懦夫，英雄把自己变成英雄。""选择是可能的，但是不选择却是不可能的，我是总能够选择的，但是我必须懂得如果我不选择，那也仍旧是一种选择。"

　　萨特称自己的"存在主义是一种人道主义"，强调"行动"的重要性，要求人们在荒诞现实和偶然性存在中积极争取存在的意义、本质和价值。这也就是为什么在萨特时代，存在主义已不仅仅是一种哲学思潮，而成为一种社会运动的原因。

　　萨特的结论是："世界从本质上说是我的世界……没有世界，就

①萨特著，陈宣良译：《存在与虚无》第152页，北京：三联书店1987年版。

没有自我性，就没有人；没有自我性，就没有人，就没有世界。"①

在美学上，萨特用想象代替哲学中的意识，认为想象的过程就是对自在的存在的否定和虚无化的过程。这是萨特存在主义哲学在艺术和审美领域中的实践。萨特的想象理论是其美学思想的核心。想象的世界是萨特所追求的自在与自为统一的世界，即美和艺术的世界。人应该立足现实，凭借其想象行动起来，争取更大的自由与更多的存在，这样才能超越现实世界，达到美和艺术的境界。萨特的独特之处在于突出了想象富于行动的一面，即认为想象是一种否定和超越现实世界的能力，这是萨特对想象理论的重大发展，对现当代西方美学产生了深远影响。

萨特认为想象"使意识的自由得到了实现……非现实的东西是在世界之外由一种停留在世界之中的意识创造出来的；而且，人之所以能够从事想象，也正因为他是超验性自由的。"

美学中的想象包括两层意思，即审美想象和艺术想象。在萨特那里，想象是一种活动，其结果是创造出一个非实在的对象。萨特认为想象的首要特征是它的意识性。所有的意识都假定其对象。想象的假定作用有四类，即想象把对象设定为：（1）非存在，（2）不在现场，（3）存在于他处，（4）不假定其对象存在。想象的另一重要特点是它的自由性、创造性，它是意识本身所具有的一种能力。在萨特看来，想象是最伟大的艺术家，没有想象的参与，美的创造和欣赏是不可能的，美只存在于想象的世界中。艺术作品不是外部世界中的客体或事物意义上的对象，"它所展示出来的是一些新的东西的一种非现实的集合"。

美作为被想象的对象是非真实化的，"根本上依靠人类超越世界的意识，依靠其呼求着的本质上的贫乏"。因为现实的极其贫乏，才使人的想象成为可能，促使人们凭借其丰富的想象行动起来。想象对象的存在是"非存在"，是"虚无"。因此想象所把握的是虚无，所假定的也是虚无，"'虚无'

萨特对叛逆的年轻一代说："完全通过选择成为自己"，要充分地去生活，创造新的自身。

是存在的一种类型"。虚无、非存在，萨特认为其来源于"否定"。"否定的活动，对于意象来说便是构成性的"，而且是"意象的根本性的结构"。

萨特在戏剧方面提出著名的"情境剧"理论，"戏剧能够表现的最动人的东西是一个正在形成的性格，是选择和自由地做出决定的瞬间，这个决定使决定者承担道德责任，影响他的终身。""作为以描写人物为中心的戏剧的继承者，我们需要那种有情境的戏，我们的目的在于探索一切在人生经历中最常见的情境，这种情境在多数人生活现象中至少出现一次。"[①]

"在当代，哲学在本质上是戏剧性的。哲学的注意力已经放到人的身上——人既是动因又是行动者，人因其生活境况而处在种种矛盾之中，他创作和扮演着人的戏剧，这场戏不到他的个性被摧毁或他的冲突得到解决就不会收场。一场表演在当代来说，是表现人活动最恰当的工具——把人的活动完全截留下来了。由此看来，哲学所关注的正是这样的人。因此，我们说戏剧含有哲学意味，哲学又带有戏剧性。"两者还是有区别："哲学是戏剧性的，但它并不能像戏剧那样来研究个性。"

萨特提出："我心目中的戏剧美学要求必须跟展现的目的保持一定的距离，使这个目的在时间或空间移动，一方面舞台上表现出的激情应该相当有节制，不应妨碍观众的觉醒；另一方面应该让戏剧的海市蜃楼消散，这是我采用的譬喻，按高乃依的术语来讲就是喜剧幻觉的消散。"[②]

法国当代评论家罗杰·加洛蒂称萨特的戏剧是"我们时代的见证"，"他道出了我们时代的混乱状态，也表明了摆脱这种状态的意志，这种根本的智力活动给萨特的作品以强烈的生命力。"[③]

"哲学家的审美经验为检验其哲学理论提供了精彩的、足够的例子，因为审美经验也许是包容最广泛、最复杂的人类经验。审美不像理性那样抽象与简约，它具体而丰富；不像分析那样分解与持续，它注重整体和即时，萨特的本体论即审美，审美即本体论。"[④]

---

①沈志明、艾珉译：《萨特文集》第7卷第455、459页，人民文学出版社2000年版。
②柳鸣九著：《萨特戏剧集》（下）第999页，安徽文艺出版社1998年版。
③柳鸣九著：《萨特研究》第330页，中国社科出版社1981年版。
④转引自张永清、薛敬梅：《美在创造中—萨特的现象学美学思想简论》第27卷第1期，《山西　师大学报》（社会科学版）2000年版。

第六章

结构主义美学

结构主义（Structuralism）是 20 世纪中期在欧洲兴起的学术思潮。"结构主义不是一个统一的哲学派别，而是由结构主义方法联系起来的一种广泛的哲学思潮"。它缘起于世纪之初法国语言学家索绪尔的符号理论，经由俄国形式主义和捷克的"布拉格学派"，最后在 60 年代的法国获得了空前的胜利。

结构主义 70 年代后多转向解构主义（Post-Structuralism）。作为欧美知识界一种"时髦思想方式"，它是以否定主体、标榜科学、注重结构的特立独行的方法论席卷了语言学、人类学、社会学、心理学、历史学、文学理论等几乎所有的人文学科的革新思潮。结构主义所确立的对文化各领域采取的分析方法，已经深深地渗透进了西方思想，并通过解构主义影响了其后所有的文化思潮。

结构主义是一种方法，不是一门哲学。它认为每门学科、每件事物都存在着一个内在的体系，这个体系是由事物的各要素按照一定的规律组合成的整体。它主张从事物的整体上，从构成事物整体的诸要素的关联上去考察事物、把握事物。结构主义认为结构是由成分构成的，而成分之间又存在着一定的结构，要了解对象或成分的性质，就必须首先了解其整体结构的性质。结构主义坚持只有存在于部分之间的关系才能适当地解释整体和部分。

结构主义方法的本质和它的基本信条在于，它力图研究连接和结合诸元素的关系的复杂网络，而不研究一个整体的诸元素。结构主义认为结构可分为表层结构和深层结构。深层结构是复杂现象各成分的内部联系，只有通过一定的认识模式才可以为人们所认识；表层结构则是现象各成分的外部联系，人们通过感觉就可以直接得到。因此，发现复杂现象的深层结构，就是结构主义所从事的主要工作。

结构主义一方面提倡科学精神，提倡系统分析、共时方法和深层阐释，另一面则对传统哲学持强烈批判态度，具有"否定主体、否定历史、否定人文主义"的显著特征。

结构主义的代表人物列维·施特劳斯给结构主义做出一个比较客观的定义：结构主义是"对于社会、经济、政治以及文化生活的模式的研究。研究的重点是现象之间的关系，而不是现象本身的性质"。

索绪尔像

最早用结构的观点从事研究工作的是瑞士语言学家费迪南德·索绪尔。索绪尔（1857年～1913年），瑞士著名语言学家，出生于日内瓦。1880年，以《梵语中绝对所有格的用法》获博士学位。长期在巴黎和日内瓦从事语言学研究。代表性论著为1916年由他的学生整理出版的课堂讲演录《普通语言学教程》。

结构主义致力于探究文化意义的产生，以及认为文化的结构相似于语言的结构，都可追溯到索绪尔的《普通语言学教程》。索绪尔并没有使用"结构"一词，"结构主义"这个命名是后来的雅各布逊提出的。《教程》归纳并提出了结构语言学的4项法则，它们分别是：1. 历时与共时方法；2. 语言与言语；3. 能指与所指；4. 系统差异决定语义。上述法则，如今通称"四个两项对立"。结构主义坚持二元对立观，这是指观察事物的两种互相对立的视角。后结构主义就是以结构主义作为背景，在超越结构主义的二元对立的过程中来具体实施自己的消解策略。

索绪尔把语言作为一个整体来研究，他有一句口号式的言论："从总体来考虑符号。"提出了语言研究中的同时性概念，也就是从构成某一语言现象的各种成分的相互关系中而不是从它们的历史演变中去考察语言。

语言作为一个符号系统，被看作一个特定时间内的完整体系，是这个特定体系的语言总系统（language）决定着日常生活中个别语言

无题 亚历山大·罗贞科 俄罗斯
作品的主题旨在反映现代社会科技的形式与过程，表现出了俄国结构主义绘画的特点。

行为即"言语"（parole）的意义。"语言"（language）指的是语言的结构和语法。"言语"（parole）指人们的具体谈话，也就是每个人实际所说出来或写下来的那些话。索绪尔认为言语活动是异质的，语言却是同质的，它是一种符号系统。索绪尔指出："语言是由相互依赖的诸要素组成的系统，其中每一要素的价值完全由于另外要素的同时存在而获得。"语言是第一性的，而言语是第二性的。

语言"是社会性的"，是一种抽象的"记忆的产物"。言语的意义源于语言。语言是一个整体，一个系统，是各种因素间关系的系统。而"言语"是"个别性的"，是"创造的产物"，是一个在特定时空里制成的"事件"。"语言"和"言语"的关系犹如整体与部分的关系。

语言本身是一种关系，但它并不直接指称对象，而是语言自身的一种关系。"语言符号是一种两面的心理实体"。他指出："一部分是主要的，它以实质上是社会的、不依赖于个人的语言为研究对象，这种研究纯粹是心理的；另一部分是次要的，它以言语活动的个人部分，即言语（其中包括发音）为研究对象，它是物理的。"

索绪尔说："我们建议保留用记号这个词表示整体，用所指和能指分别代替概念和音响形象。"语言符号连接的不是事物和名称，而是概念和音响形象。他将概念命名为语言符号的"所指"，将音响形象命名为"能指"。能指（signifier）与所指（signified），举例来说："桌子"在不同的语言中名称不一样，英语中是"table"，汉语中是"桌子"。所有的语言符号都会由能指和所指构成。索绪尔说，语言就像一张纸，"思想是正面，声音是反面"。斯特罗克就曾经举过一个这方面的生动例子：如果花儿还只是在静悄悄地开着，我们就无法把它当成一种

---

①参见赵一凡：《结构主义》，载《外国文学》2002年第1期；张一兵：《索绪尔与语言学结构 主义》，载《南京社会科学》2004年第10期。

记号，因为并没有什么东西已经呈现出来并将它变成一种记号。但如果对于文化来说，花儿可以并且常常被用作一种记号：比如把它扎成花环，作丧事之用等。在这种情况下，花环就是一种能指，用我们的话来说，它的所指就是"慰藉"。①

现代符号学有两个源头，一个在欧洲，一个在美国。欧洲符号学的创始人是索绪尔，他称符号学为"Semiology"。美国符号学的创始人是皮尔斯，他称符号学为"Semiotics"。两个词都来源于希腊文，意为"符号，sign"的意思。符号在本质上是社会的。索绪尔说："同表面现象相反，语言任何时候都不能离开社会事实而存在，因为他是一种符号现象，它的社会性就是它的一个内在特征。"

结构主义美学就是运用语言的结构和模式来研究、解释文学现象的现代西方美学思潮。主要流行于法国。索绪尔说："语言是一种形式，而不是一种实体。"它不关心作品所表现的客观世界，而是研究语言信息场内语言的美学功能，力图以此规定出文学的本质、功能以及作品与社会的关系、作品与作者和读者的关系。

20 世纪 20 年代出现的俄国形式主义是结构主义美学的端倪。代表人物有谢克洛夫斯基、雅可布逊（Roman osipovich Jakobson1896 年 ~ 1982 年）等。二次世界大战期间，雅可布逊把俄国形式主义思潮传播到东欧，使它与瑞士语言学家索绪尔的语言学、胡塞尔的现象学、德国哲学家卡西尔的符号哲学结合，形成布拉格语言学派，并始称为结构主义。

雅可布逊认为："与

晒干草　俄罗斯　马列维奇
马列维奇这件作品以简洁的几何构图组织画面，人物造型独特，令人产生深刻印象，颇有结构主义艺术的特点。

选择相关的是相似性，他暗含了某种替换的可能，选择的过程产生了隐喻，隐喻根植于相似性的替换；与组合相关的是邻近性，它暗含了某种延伸的可能组合的过程产生转喻，转喻是根植于邻近性的修辞和思想手段。"①

结构主义批评的代表人物是法国的罗兰·巴特（Roland Barthes 1915 年 11 月 12 日～1980 年 3 月 25 日）等。他们不重作品语言的所指面（内容）、而注意能指面（语言），重视阅读反应的"统一性"与"参与性"，主张批评家积极介入作品的阅读过程、创造作品的意义。在文艺批评这一领域里，结构主义诗学和叙述学的重点"不是个别具体作品的分析，而是普遍的文学语言的规律。在结构主义看来，个别作品是类似语言学中的言语的东西，是一种更加宽泛的抽象结构的具体体现。结构主义诗学和叙述学的任务就是要探寻支配文学作品的这种内在结构或总法则"。

虽然结构主义的分析方法在实际运用中因人而异，各不相同，但他们都坚持文艺批评应该从具体作品出发，反对用作品以外的任何因素，例如历史事件、社会思潮、作者生平等去分析和理解作品。他们认为作品的意义寓于作品本身，是由作品内在结构决定的，因此批评者的任务是去挖掘、分析这部作品内在的抽象的结构。他们并不排斥对作品意义的分析，但"它的目的不再是对具体作品的描述，指出它的意义。他们并不排斥对作品的总法则"。

巴特写道："文学作品，至少拿通常为批评所关注的那类作品来说，从来都是既非全无意义又显而易见全然清楚的。也许正是这一点可能成为'优秀'作品的一条定义。作品可以说是一些断断续续不完整的意义：它一方面俨然以一个能指系统的面目呈

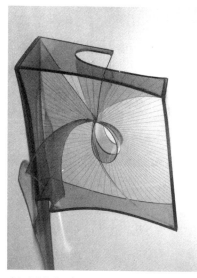

空间中的构成　晶体　诺姆·嘉博
诺姆·嘉博是结构主义的代表人物之一。这件作品将形式抽象化，由基本几何元素构成，具有结构主义的特点。

①皮亚杰著，倪连生、王琳译：《结构主义》，商务印书馆 1984 年版。

现于读者的目下，另一方面则又回避所指之存在。意义的这种不明示性和逃逸性一方面解释了为什么文学具有偌大的力量，既可（通过动摇那些似乎已由信仰、意识形态和公共感觉所确认的意义范畴来）对世界提出种种疑问，然而却又从不给予回答，（没有任何一部伟大作品是说教式的）；另一方面解释了为什么它会成为人们无穷无尽地探索意义的对象，因为没有任何理由可以使人们停止谈论拉辛或莎士比亚。"

"文学只能是一种语言，即一种符号系统；它的本质不在它所传达的信息里，而在该系统自身之中。正是由于这一点，批评家所要做的就不是寻求重建作品所包含的信息，而只是

树骨　卡尔·安德烈
从木块在地板上的几何排列方式及天花板的装饰方式可看出作品受俄国结构主义的影响。

写给青少年的
美学故事

寻求重建作品的系统，正如语言学家的任务并非在于辨认某个句子的含义，而在于建立那个使该含义得以传达的形式结构。"这就是说，作品本身并不完全实现意义，它只是为意义的形成提供条件和形式，意义的实现有赖于不同时代的不同读者的感受，即"需要把整个世界填充到这些形式中去"才行。①

1969 年，法国当代著名结构主义符号学家、文艺理论家茨维坦·托多罗夫在《〈十日谈〉语法》里面，第一次提出"叙事学"（Narratology）这个称谓，标志着叙事学作为一门独立学科的开始。结构主义叙述论以语言学结构功能或"行为模式"来表征叙述文的本质特性。"行为模式"分析的主要特征是根据叙述文故事中的不同功能、将其中出现的人、物、思想、理论、时空、气候等列为模式，然后根据模式内容的变化作进一步分析研究。

---

①阎沐新，《结构主义对法国现代文学批评理论的影响》，载《天津外国语学院学报》2000年 第 1 期。